全国中等职业学校电工类专业通用教材

全国技工院校电工类专业通用教材（中级技能层级）

电工基础

（第六版）

人力资源社会保障部教材办公室　组织编写

中国劳动社会保障出版社

简介

本书主要内容包括：电路基础知识、简单直流电路的分析、复杂直流电路的分析、磁场与电磁感应、单相交流电路、三相交流电路。

本书由邵展图主编，鲁劲柏、何薇、倪艳、金闵辰、徐丕兵、梁丽洁、翟旭华参加编写；恽文卫审稿。

图书在版编目（CIP）数据

电工基础 / 人力资源社会保障部教材办公室组织编写． -- 6 版． -- 北京：中国劳动社会保障出版社，2020

全国中等职业学校电工类专业通用教材　全国技工院校电工类专业通用教材．中级技能层级

ISBN 978-7-5167-4665-3

Ⅰ．①电…　Ⅱ．①人…　Ⅲ．①电工学 – 中等专业学校 – 教材　Ⅳ．①TM1

中国版本图书馆 CIP 数据核字（2020）第 215572 号

中国劳动社会保障出版社出版发行

（北京市惠新东街 1 号　邮政编码：100029）

*

三河市华骏印务包装有限公司印刷装订　　新华书店经销

787 毫米 × 1092 毫米　16 开本　11 印张　223 千字

2020 年 12 月第 6 版　　2022 年 12 月第 5 次印刷

定价：26.00 元

营销中心电话：400-606-6496

出版社网址：http://www.class.com.cn

http://jg.class.com.cn

前 言

为了更好地适应全国技工院校电工类专业的教学要求，全面提升教学质量，人力资源社会保障部教材办公室组织有关学校的一线教师和行业、企业专家，在充分调研企业生产和学校教学情况、广泛听取教师使用反馈意见的基础上，吸收和借鉴各地技工院校教学改革的成功经验，对现有电工类专业通用教材进行了修订（新编）。

本次教材修订（新编）工作的重点主要体现在以下几个方面。

更新教材内容

◆ 根据企业岗位需求变化和教学实践，确定学生应具备的知识与能力结构，调整部分教材内容，增补开发教材，使教材的深度、难度、广度与实际需求相匹配。

◆ 根据相关专业领域的最新技术发展，推陈出新，补充新知识、新技术、新设备、新材料等方面的内容。

◆ 根据最新的国家标准、行业标准编写教材，保证教材的科学性和规范性。

◆ 根据一体化教学理念，提高实践性教学内容的比重，进一步强化理论知识与技能训练的有机结合，体现“做中学、学中做”的教学理念。

优化呈现形式

◆ 创新教材的呈现形式，尽可能使用图片、实物照片和表格等形式将知识点生动地展示出来，提高学生的学习兴趣，提升教学效果。

◆ 部分教材将传统黑白印刷升级为双色印刷和彩色印刷，提升学生的阅读体验。例如，《电工基础（第六版）》和《电子技术基础（第六版）》采用双色设计，使电路图、波形图的内涵清晰明了；《安全用电（第六版）》将图片进行彩色重绘，符合学生的认知习惯。

提升教学服务

为方便教师教学和学生学习，除全面配套开发习题册外，还提供二维码资源、电子教案、电子课件、习题参考答案等多种数字化教学资源。

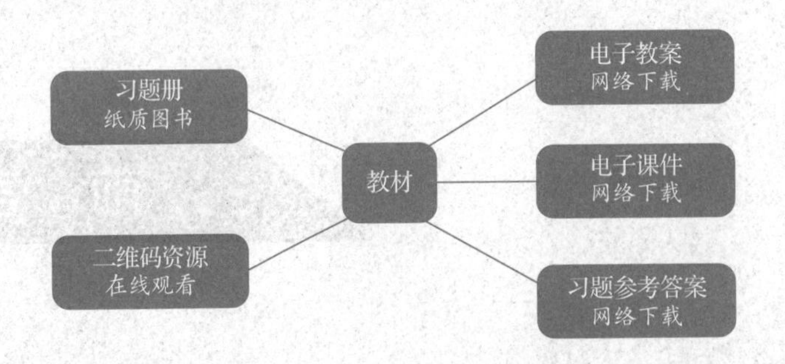

二维码资源——在部分教材中，针对重点、难点内容制作微视频，针对拓展学习内容制作电子阅读材料，使用移动设备扫描即可在线观看、阅读。

电子教案——结合教材内容编写教案，体现教学设计意图，为教师备课提供参考。

电子课件——依据教材内容制作电子课件，为教师教学提供帮助。

习题参考答案——提供教材中习题及配套习题册的参考答案，为教师指导学生练习提供方便。

电子教案、电子课件、习题参考答案均可通过技工教育网（http：//jg.class.com.cn）下载使用。

致谢

本次教材的修订（新编）工作得到了辽宁、江苏、山东、河南、广西等省（自治区）人力资源社会保障厅及有关学校的大力支持，在此我们表示诚挚的谢意。

人力资源社会保障部教材办公室

2020 年 9 月

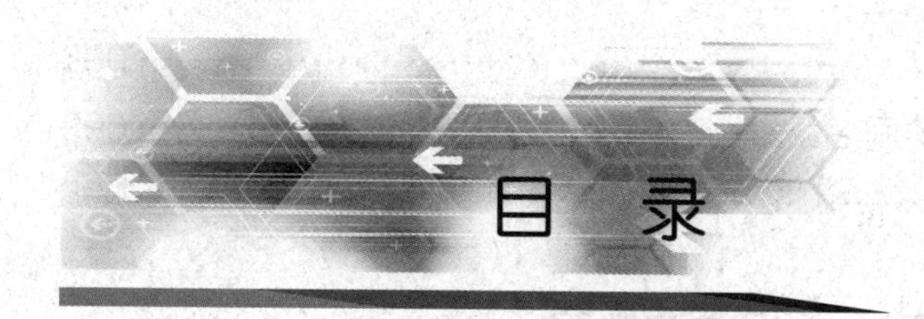

第一章 电路基础知识

§1-1 电路和电路图 …… 001

§1-2 电流和电压 …… 006

● 实验与实训 1 测电笔和万用表的使用 …… 012

§1-3 电阻 …… 016

● 实验与实训 2 用万用表和兆欧表测量电阻 …… 021

§1-4 电功和电功率 …… 026

第二章 简单直流电路的分析

§2-1 全电路欧姆定律 …… 032

§2-2 电阻的连接 …… 036

● 实验与实训 3 直流电阻电路故障的检查 …… 045

§2-3 直流电桥 …… 047

第三章 复杂直流电路的分析

§3-1 基尔霍夫定律 …… 051

§3-2 电压源与电流源的等效变换 …… 057

§3-3 戴维南定理 …… 063

§3-4 叠加原理 …… 067

第四章 磁场与电磁感应

§4-1 磁场 …… 072

§4-2 磁场对电流的作用 …… 076

§4-3 电磁感应 …… 080

§4-4　自感和互感……086
● 实验与实训 4　判别互感线圈的同名端……093
§4-5　铁磁材料与磁路……095

第五章　单相交流电路

§5-1　交流电的基本概念……104
● 实验与实训 5　用示波器观测正弦交流电……118
§5-2　电容器和电感器……121
● 实验与实训 6　用万用表检测电容器和电感器……129
§5-3　单一参数交流电路……133
§5-4　RLC 串联电路……138
§5-5　RLC 并联电路……144
● 实验与实训 7　单相交流电路的测量……148
● 实验与实训 8　观察串、并联电路谐振现象……150

第六章　三相交流电路

§6-1　三相交流电源……154
§6-2　三相负载的连接方式……162
● 实验与实训 9　三相交流电路的连接与测量……167

第一章
电路基础知识

§1-1　电路和电路图

学习目标

1. 了解电路的基本组成和基本功能。
2. 了解电路图的基本类型。
3. 能说出电路图中常用符号的含义。

一、电路的基本组成

图 1-1a 所示为手电筒内部结构示意图，用开关和金属片（导线）将干电池和小灯泡连接起来，只要打开开关，有电流流过，小灯泡就会亮起来；与此相似，将电风扇接上电源，只要打开开关，有电流流过，电风扇就会转起来（图 1-1b）。像这样电流流通的路径称为电路。

对比两个电路的组成可归纳出，它们都由电源、负载、控制装置及导线组成。

电源是把其他形式的能量转换为电能的装置。例如，电池将化学能转换为电能，发电机将机械能转换为电能等，它们是在电路中产生电流的原动力。

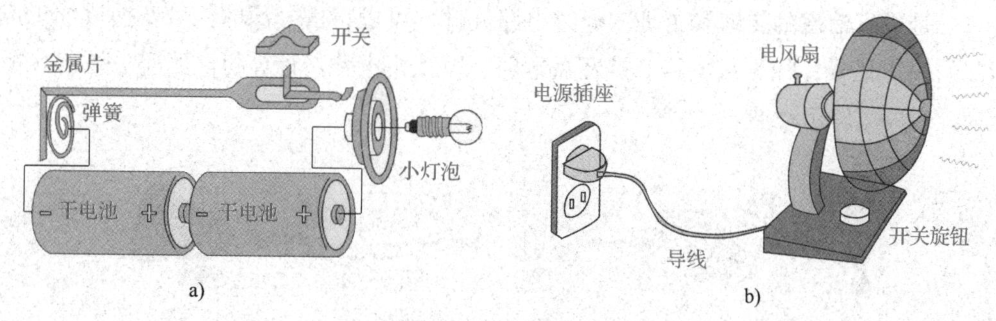

图 1-1　电路的组成

a）手电筒　b）电风扇

小灯泡和电风扇是消耗电能的装置，称为负载，也称用电器。负载的作用是把电能转换为其他形式的能量。例如，电灯将电能转换为光能，电炉将电能转换为热能，电动机将电能转换为机械能，扬声器将电能转换为声能等。

控制装置及导线用于连接电源和负载，使它们构成电流的通路，把电源的能量输送给负载，并根据需要控制电路的通、断。

有些电路中还装有保护装置，如熔断器、热继电器等，以保证电路的安全运行。

二、电路的基本功能

电路的基本功能有两大类。

一是进行能量的传输、分配和转换。例如，在电力系统中，发电机把热能、风能、核能、太阳能等转换成电能，通过升压变压器、输电线路、降压变压器将电能传输和配送到最终用户，然后用户根据实际需要又把电能转换成机械能、光能和热能等。图 1–2 所示为电能传输示意图。

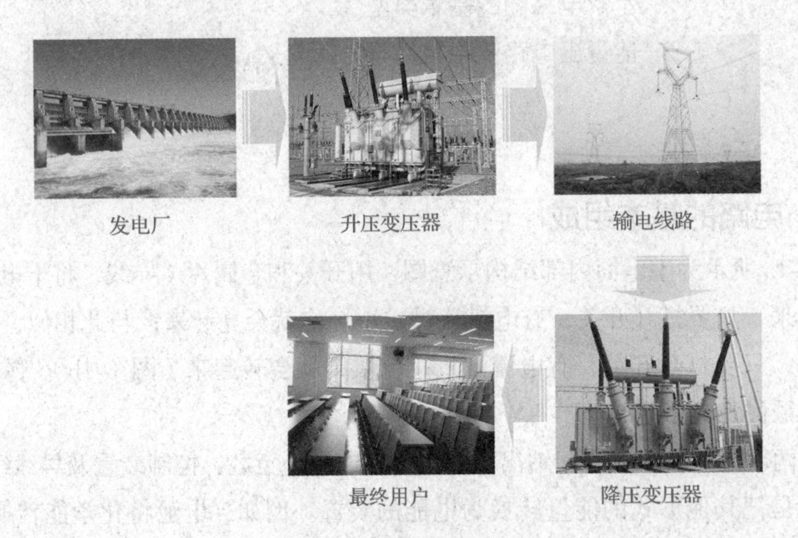

图 1–2　电能传输示意图

二是进行信息的传递和处理。通过电路元件，可以将信号源的信号变换或加工成所需的输出信号，如测量电路、扩音器电路、电视机电路、计算机电路等。图 1–3 所示为扩音器电路示意图。

图 1–3　扩音器电路示意图

三、电路图

为便于分析电路的工作原理和性能，便于电路的设计和安装，一般使用电路图来简洁、直观地表达电路中各组成部分的连接关系。

广义上的电路图主要有电路原理图、框图、印制电路图等。狭义上，也常将最为常用的电路原理图简称为电路图。

1. 电路原理图

用电气符号描述电路连接情况的图称为电路原理图，简称电路图或原理图。它主要反映电路中各元件之间的连接关系，并不考虑各元件的实际大小和相互之间的位置关系。例如，图 1–4 即为图 1–1 所示电路的电路原理图。

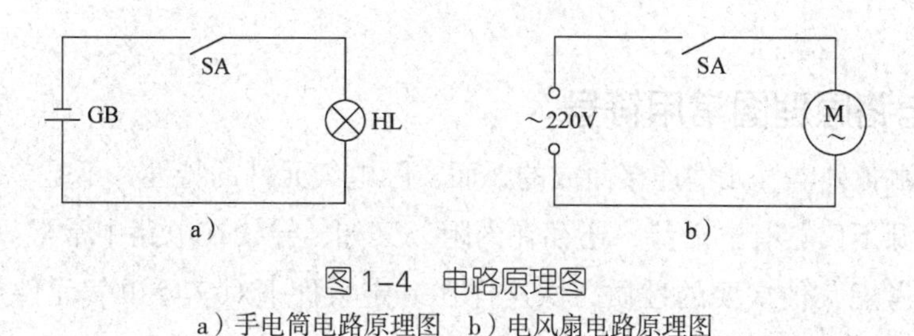

图 1–4 电路原理图

a）手电筒电路原理图 b）电风扇电路原理图

2. 框图

框图是一种用矩形框、箭头和直线等来表示电路工作原理和构成概况的电路图。实际上，这也是一种原理图，不过它不像电路原理图那样详细地绘制了电路中全部的元器件符号以及它们之间的连接方式，而只是简单地将电路按照功能划分为几个部分，每部分用一个方框来代表，在方框中加上简单的文字或符号说明，方框间用直线或带箭头的直线连接，表示各部分之间的关系。例如，图 1–5 即为图 1–1 所示两个电路的框图。

电源 — 开关 — 负载

图 1–5 框图

框图主要用来体现电路的大致组成情况和工作流程，更多应用于描述较为复杂的电气系统。

3. 印制电路图

对实际产品中电子电路的组装，一般以覆有紫铜箔的绝缘薄板为基础，将电路各元件用锡焊等方法合理地安装在这块基板上。由于电路板的制作一般先要用印刷油漆的方法将需要保留的铜箔处覆盖，所以这种电路元件的安装图称为印制电路图，如图 1–6 所示。

印制电路图的元件分布往往与原理图有较大区别。这主要是因为，在印制电路图的设计中，不仅要考虑所有元件的连接是否正确，还要考虑每个元件的体积、散热、抗干扰等因素。现在，特别是对于一些复杂的电路，已广泛采用了计算机进行印制电路板的辅助设计，印制电路板也逐渐从单面、双面发展为多面的形式。

上面介绍的三种形式的电路图，以电路原理图最为常用，也最为重要。看懂电路原理图是分析和排除电路故障的基础。

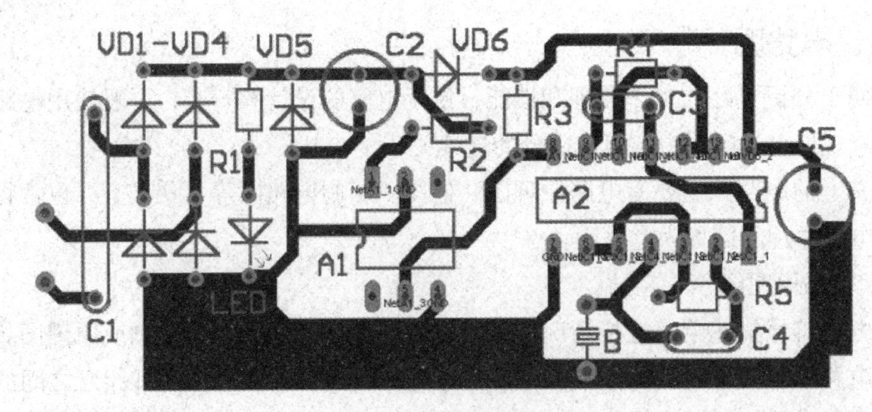

图 1-6 印制电路图

四、电路原理图常用符号

电路是由各种电气元件连接而成的，而实际电气元件的特性并不是单一的。例如，电路中的电源不仅具有电动势，还存在内阻。又如，导线在电路中常常只考虑其导电性能，而不考虑其他次要的性质。像这样在一定条件下对实际电气元件加以理想化，只考虑其中起主要作用的某些性能时，称其为**理想元件**。

把实际元件用理想元件表示后，一个实际电路便由一些理想元件连接而成，称为实际电路的**电路模型**。例如，图 1-4 所示原理电路实际上也就是图 1-1 所示手电筒电路和电风扇电路的电路模型。

电路图中的常用符号包括图形符号和文字符号。图形符号是用于表示电气元件或设备的简单图形，文字符号是用于描述电气元件或设备名称、特性的文字。绘制电路图必须采用国家标准中规定的符号，在使用时可查阅相关标准，如《电气简图用图形符号》（GB/T 4728—2018）等。部分常用图形符号和文字符号见表 1-1。

表 1-1 常用图形符号和文字符号

图形符号	外形示例	文字符号	名称	图形符号	外形示例	文字符号	名称
		S 或 SA	开关			HL	指示灯，信号灯
		GB	干电池			C	电容器
		R	电阻器			PW	功率表
		RP	电位器			PV	电压表

续表

图形符号	外形示例	文字符号	名称	图形符号	外形示例	文字符号	名称
		VD	二极管			PA	电流表
	—	—	导线交叉处（不相连）		—	X	端子
	—	—	导线交叉处（相连）		—	—	接地
	—	—	接机壳			L	电感器，线圈，绕组
		FU	熔断器			L	带磁心的电感器

巩固练习

1. 接线和画图

（1）在图 1–7a 中连接电路，实现用滑动变阻器调节灯泡亮度。

（2）在图 1–7b 中画出该电路的原理图。

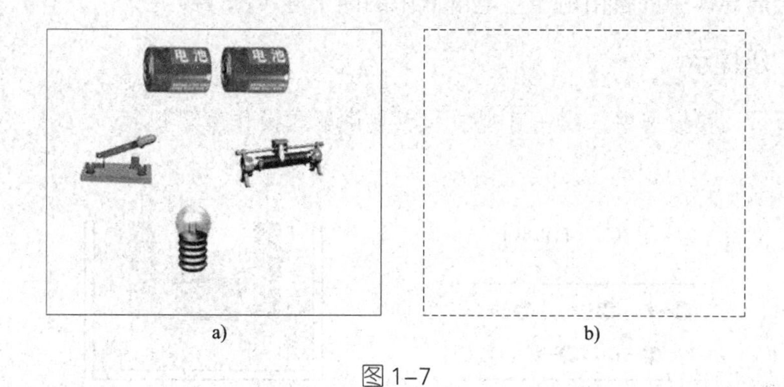

图 1–7

2. 某电路如图 1–8 所示。该电路由________、________、________和________组成。其中 FU 的作用是__________。

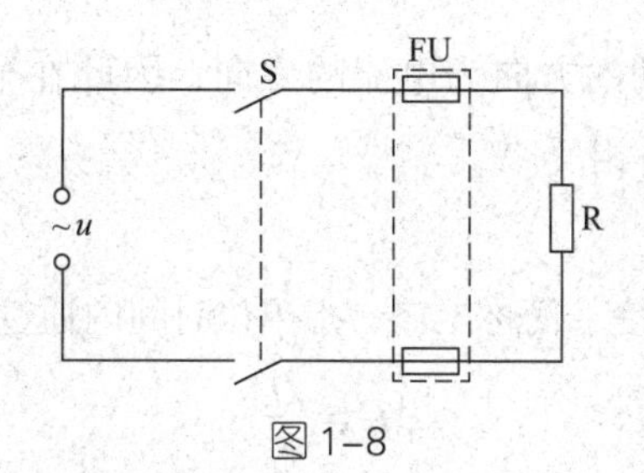

图 1–8

§1-2 电流和电压

学习目标

1. 了解稳恒直流电流、脉动直流电流和交变电流的特点。
2. 理解电压、电位和电动势的概念。
3. 理解电流、电压的参考方向的概念及其与实际方向的关系。
4. 能用万用表正确测量电流和电压。

一、电流

1. 电流的方向

电荷的定向移动形成电流，移动的电荷又称载流子。载流子是多种多样的，如金属导体中的自由电子、电解液中的离子等（图 1-9）。

小提示

扫描书中二维码可观看知识点讲解或操作演示视频。

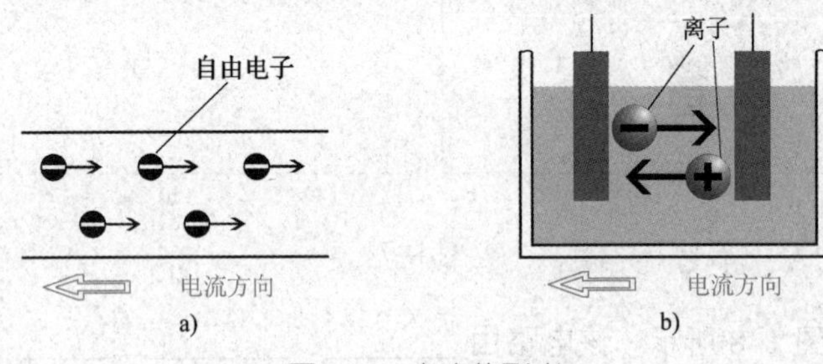

图 1-9 电流的形成
a）金属导体中 b）电解液中

习惯上规定正电荷移动的方向为电流的方向，因此在金属导体中，电流的方向实际上与自由电子移动的方向相反。

2. 电流的大小

电流的大小称为电流强度，简称电流，指单位时间内通过导体横截面的电荷量，即：

$$I = \frac{Q}{t}$$

式中，I、Q、t 的单位分别为安培（A）、库仑（C）、秒（s）。常用的电流单位还有毫安（mA）和微安（μA）等。

$$1\ \text{mA}=10^{-3}\ \text{A}$$

$$1\ \mu\text{A}=10^{-3}\ \text{mA}$$

小提示

各物理量在数值上过大或过小时，可以把单位冠以相应的词头，构成倍数或分数单位，如前面提到的 mA、μA 等。其他单位词头见表 1–2。

表 1–2 单位词头

中文名称	吉	兆	千	毫	微	纳	皮
因数	10^9	10^6	10^3	10^{-3}	10^{-6}	10^{-9}	10^{-12}
符号	G	M	k	m	μ	n	p

3. 直流和交流

若电流的方向不随时间变化，则称其为直流电流，简称直流，用符号 DC 表示。其中，电流大小和方向都不随时间变化的电流，称为稳恒直流电流（图 1–10a）；电流大小随时间变化，但方向不变的电流，称为脉动直流电流（图 1–10b）。本书中所说的直流电流，如无特殊说明，均指稳恒直流电流。若电流的大小和方向都随时间变化，则称其为交变电流（图 1–10c），简称交流，用符号 AC 表示。图 1–1 所示电路中，小灯泡由直流电源（干电池）供电，是直流电路；电风扇由交流电源供电，是交流电路。

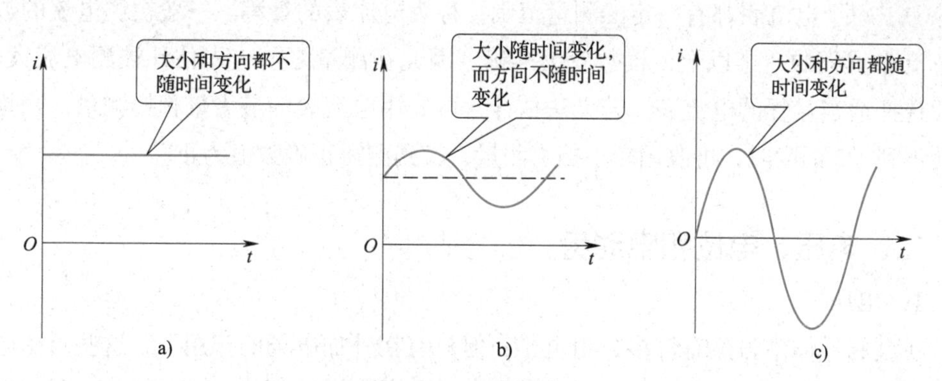

图 1–10 直流和交流

a）稳恒直流电流 b）脉动直流电流 c）交变电流

在分析和计算较为复杂的直流电路时，经常会遇到某一电流的实际方向难以确定的情况，这时可先任意假定一个电流的参考方向，然后根据电流的参考方向列方程求解。如果计算结果 $I>0$，表明电流的实际方向与参考方向相同（图 1–11a）；如果计算结果 $I<0$，表明电流的实际方向与参考方向相反（图 1–11b）。

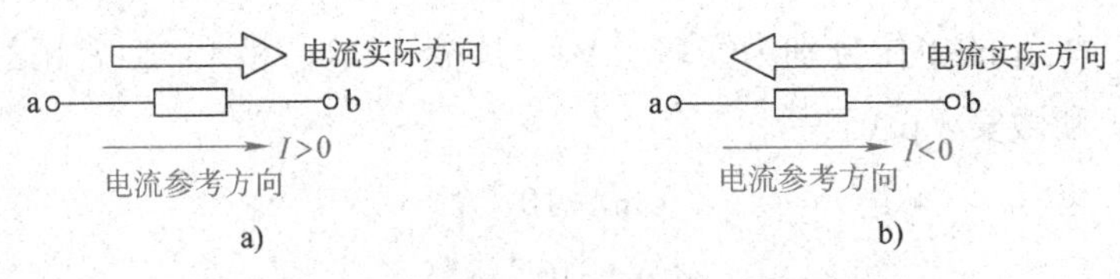

图 1–11　电流的参考方向和实际方向

4. 电流的测量

（1）对交、直流电流可分别使用交流电流表和直流电流表测量。

（2）电流表必须串接到被测量的电路中，如图 1–12 所示。直流电流表表壳接线柱上标有表明极性的记号，应和电路的极性相一致，即“0.6”“3”等代表正极的一端接电源正极一侧，“–”端接电源负极一侧，不能接错，否则指针会反转，既影响正常测量，也容易损坏电流表。

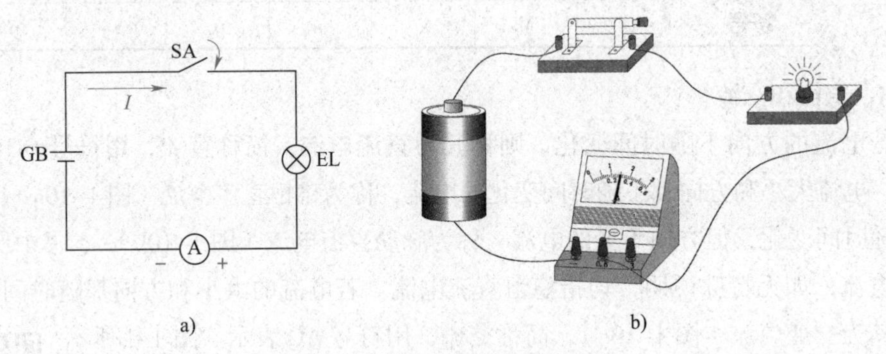

图 1–12　直流电流表的接法
a）电路图　b）实物连接示意图

（3）每个电流表都有一定的测量范围，称为电流表的量程。一般被测电流的数值在电流表量程的一半以上，读数较为准确。因此在测量之前应先估计被测电流大小，以便选择适当量程的电流表。若无法估计，可先用电流表的最大量程挡测量，当指针偏转不到 1/3 刻度时，再改用较小挡去测量，直到测得正确数值为止。

二、电压、电位和电动势

1. 电压

在金属导体中虽然有许多自由电子，但只有在外加电场的作用下，这些自由电子才能做有规则的定向移动而形成电流。电场力将单位正电荷从 a 点移到 b 点所做的功，称为 a、b 两点间的电压，用 U_{ab} 表示。电压单位的名称是伏特，简称伏，用 V 表示。

电压与电流的关系和水压与水流的关系有相似之处。

在图 1–13 所示装置中，由于水泵不断将水槽乙中的水抽送到水槽甲中，使 A 处比 B 处水位高，即 A、B 之间形成了水压，水槽中的水便由 A 处向 B 处流动，从而推动水车旋转。

在图 1–14 所示电路中，由于电源的正、负极间存在着电压，电路中便有正电荷由正极流向负极（实际上是负电荷由负极流向正极），从而使灯泡发光。

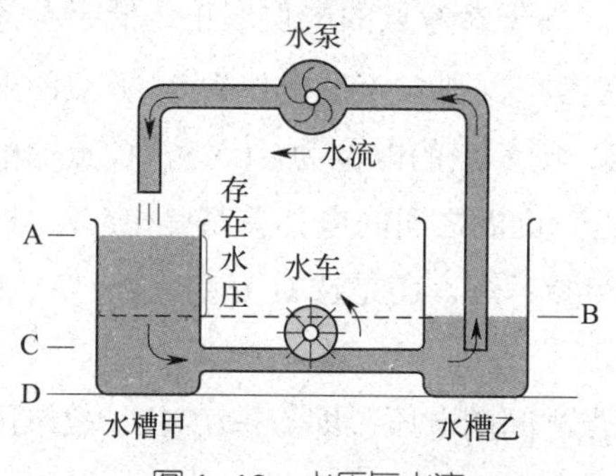

图 1–13 水压与水流

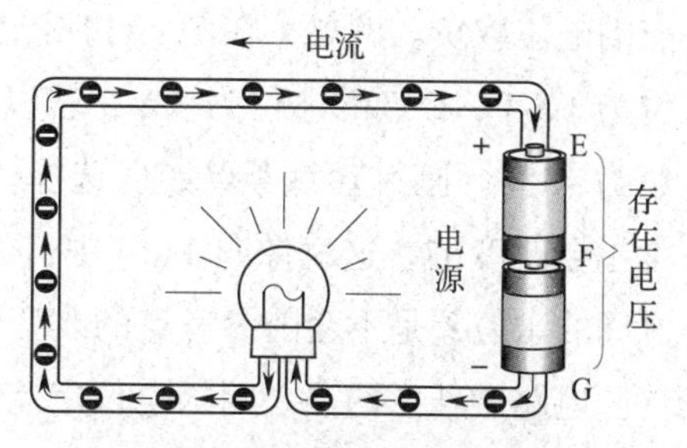

图 1–14 电压与电流

电压的实际方向即为正电荷在电场中的受力方向。在计算较复杂电路时，常常对电压的实际方向难以判断，因此也要先设定电压的参考方向。原则上电压的参考方向可任意选取，但如果已设电流参考方向，则电压参考方向最好选择与电流一致，称为**关联参考方向**。当电压的实际方向与参考方向一致时，电压为正值；反之，为负值。

电压的参考方向有 3 种表示方法，如图 1–15 所示。

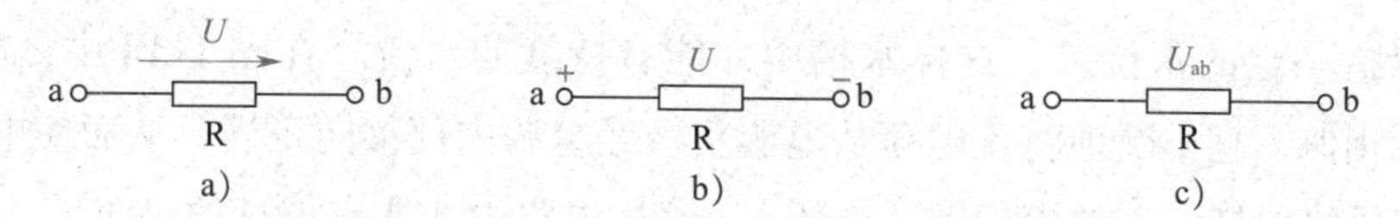

图 1–15 电压的参考方向

a）箭头表示 b）极性符号表示（参考方向由正指向负） c）双下标表示（参考方向由 a 指向 b）

【例 1–1】 已知图 1–15a 中，U=5 V；图 1–15b 中，U=–2 V；图 1–15c 中，U_{ab}=–4 V。试指出电压的实际方向。

解：图 1–15a 中，U=5 V>0，说明电压的实际方向与参考方向相同，即由 a 指向 b；图 1–15b 中，U=–2 V<0，说明电压的实际方向与参考方向相反，即由 b 指向 a；图 1–15c 中，U_{ab}=–4 V<0，说明电压的实际方向与参考方向相反，即由 b 指向 a。

小提示

电压的大小与用电安全息息相关，通常规定交流 36 V 以下及直流 48 V 以下为安全电压，在潮湿、高温、有导电尘埃的环境中应使用 12 V 电压。

2．电位

在电路中任意选定一点作为参考点（即零电位点），则电路中某一点与参考点之间的电压称为该点的电位。电位的单位也是伏特（V）。电位通常用 V 或 φ 表示，为简便起见，本书仍用 U 表示电位，如 a、b 点的电位可分别记为 U_a、U_b。

原则上参考点可以任意选择，但为了便于分析计算，在电力电路中常以大地作为参考点，电路符号为“⏚”；在电子电路中常以多条支路汇集的公共点或金属底板、机壳等作为参考点，电路符号为“⊥”或“⊥”。高于参考点的电位取正，低于参考点的电位取负。例如，在图 1–14 中，若以 G 为参考点，则 G 点的电位为 0，F 点的电位为 1.5 V，E 点的电位为 3 V；若以 E 为参考点，则 F 点的电位为 –1.5 V，G 点的电位为 –3 V。但不管参考点如何选择，每只电池正、负极之间的电位差都是 1.5 V，这是不会改变的。这就像图 1–13 中，不管是选 C 为参考点，还是选 D 为参考点，A、B 之间的水位差是不会随参考点的改变而改变的。

电路中任意两点之间的电位之差就等于这两点之间的电压，即 $U_{ab}=U_a-U_b$，故电压又称电位差。

小提示

电路中某点的电位与参考点的选择有关，但两点间的电位差与参考点的选择无关。

3. 电动势

在图 1–13 中，水泵的作用是不断地把水从水槽乙抽送到水槽甲，从而使 A、B 之间始终保持一定的水位差，这样水槽中才能有持续的水流。在图 1–14 中，电源的作用和水泵相似，它不断地将正电荷从电源负极经电源内部移向正极，从而使电源的正、负极之间始终保持一定的电位差（电压），这样电路中才能有持续的电流。

非静电力克服电场力，将单位正电荷从电源负极经电源内部移到正极所做的功称为电源的电动势（图 1–16），用 E 表示，单位为伏特（V）。

非静电力是指由其他形式能量所产生的一种对电荷的作用力。在不同的电源中，非静电力的来源有所不同。例如，电池中的非静电力是由电解液与极板间的化学作用产生的；发电机的非静电力则是由电磁作用产生的。

电源的电动势在数值上等于电源没有接入电路时两极间的电压。电动势的方向规定为在电源内部由负极指向正极（图 1–17）。

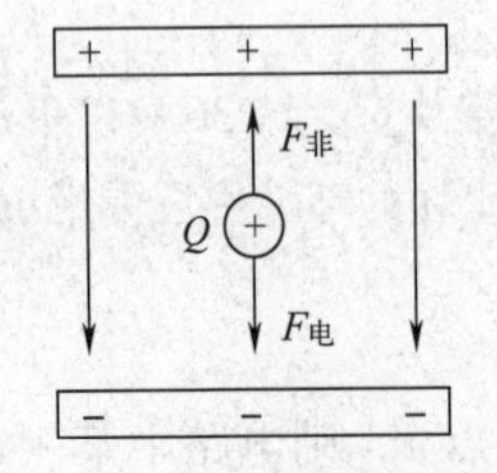

图 1–16　非静电力克服电场力做功

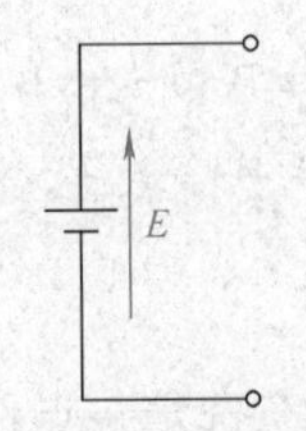

图 1–17　电动势的方向

对于一个电源来说，既有电动势，又有端电压。电动势只存在于电源内部；而端电压则是电源输出的加在外电路两端的电压，其方向由正极指向负极。一般情况下，电源的端电压总是低于电源内部的电动势，只有当电源开路时，电源的端电压才与电源的电动势大小相等。

4．电压的测量

（1）对交、直流电压可分别采用交流电压表和直流电压表测量。

（2）电压表必须并联在被测电路的两端，如图 1–18 所示。直流电压表表壳接线柱上标有表明极性的记号，应与被测两点的电位相一致，即“3”“15”等代表正极的一端接高电位，“–”端接低电位，不能接错，否则指针会反转，并容易损坏电压表。

（3）合理选择电压表的量程，其方法与电流表相似。

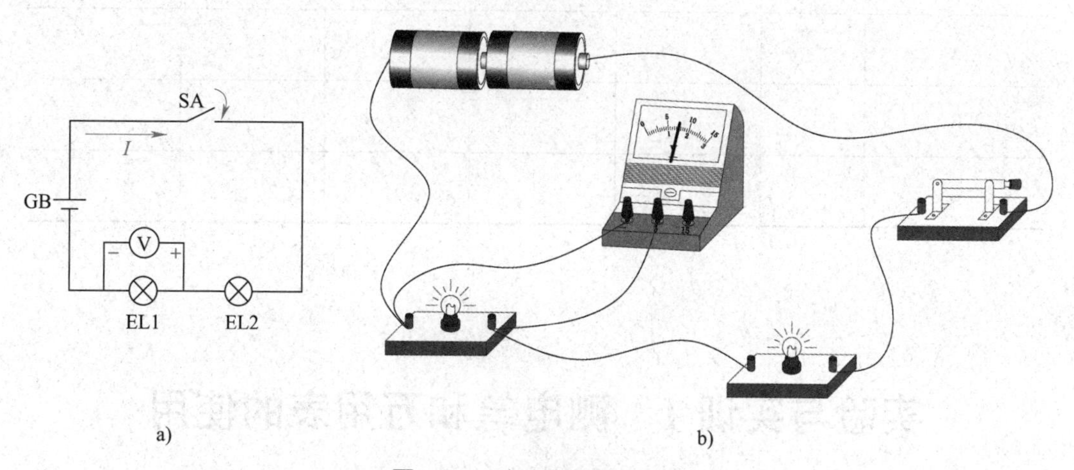

图 1–18 直流电压表的接法

a）电路图 b）实物连接示意图

巩固练习

1. 如图 1–19 所示电路中，电流参考方向已选定，已知 I_1=1 A，I_2=–3 A，I_3=–5 A。可知：I_1 的实际方向与参考方向相______，即电流由______流向______，大小为______A；I_2 的实际方向与参考方向相______，即电流由______流向______，大小为______A；I_3 的实际方向与参考方向相______，即电流由______流向______，大小为______A。

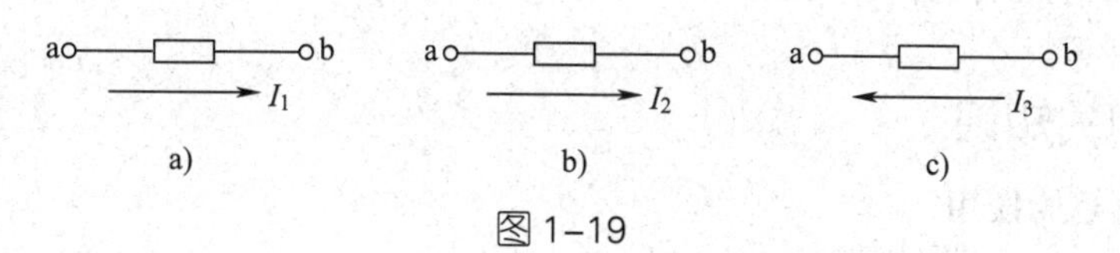

图 1–19

2. 电路如图 1–20 所示，分别求当开关 S 合上和打开时 A、B 两点的电位。

3. 电路如图 1–21 所示，选择不同参考点，求各点电位及电压 U_{AB}、U_{BC}、U_{AC}，并记录在表格中。

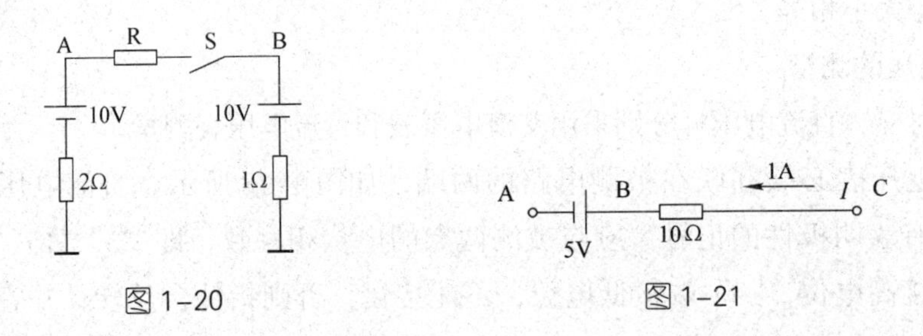

图 1–20　　图 1–21

选择参考点	U_A/V	U_B/V	U_C/V	U_{AB}/V	U_{BC}/V	U_{AC}/V
A						
B						
C						

实验与实训 1　测电笔和万用表的使用

一、实训目的

1. 能用测电笔检查低压导体和电气设备是否带电。
2. 熟悉万用表的使用注意事项。
3. 能使用万用表测量直流电压和交流电压。

二、实训器材

任意型号的测电笔和万用表。

三、相关知识

1. 测电笔的使用

测电笔又称试电笔，简称电笔（图 1–22），常用于检查低压导体和电气设备是否带电。

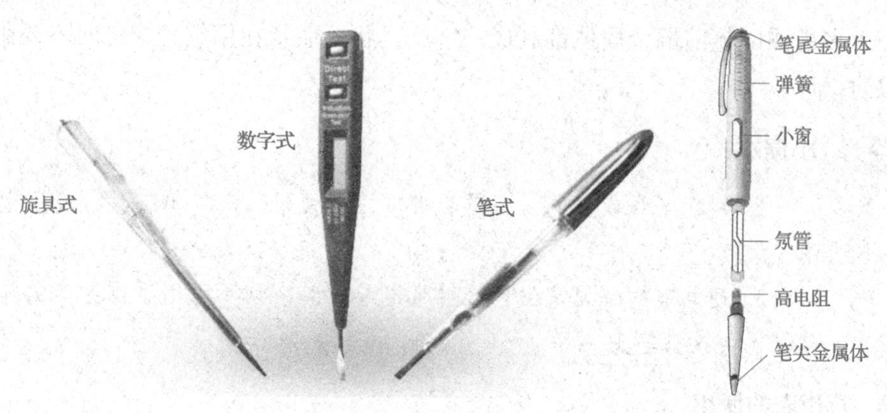

图 1-22　测电笔的样式和结构

使用测电笔时应注意以下几点：

（1）被测电压不得高于测电笔的标称电压值。

（2）使用测电笔前，首先要检查测电笔内有无安全电阻，然后试测某已知带电物体，看氖管能否正常发光，检查无误后方可使用。

（3）在光线明亮的场所使用测电笔时，应注意遮光，防止因光线太强看不清氖管是否发光而造成误判。

（4）使用测电笔时，一定要用手接触测电笔尾端的金属体（图 1-23），否则，因带电体、测电笔、人体与大地没有形成回路，测电笔中的氖管不会发光，会造成误判，认为带电体不带电（图 1-24）。

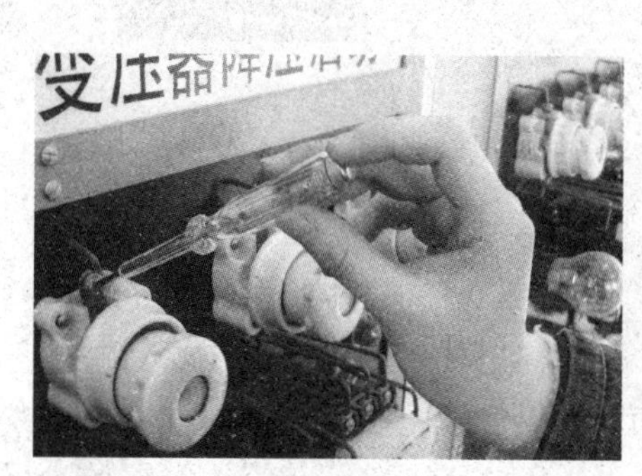 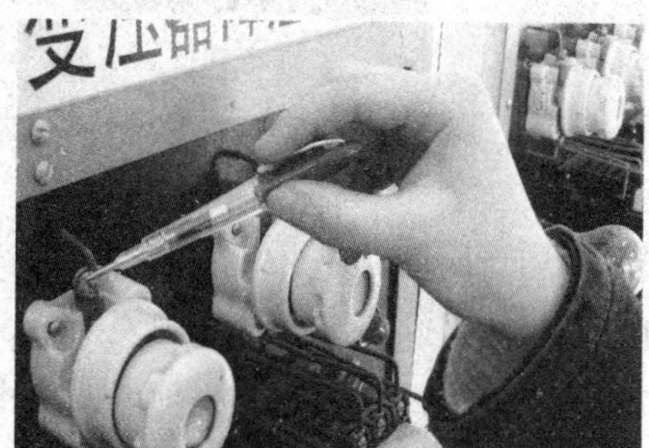

图 1-23　测电笔的正确握法

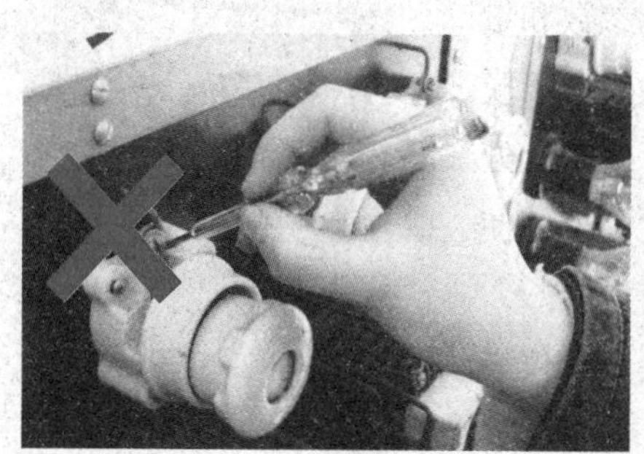 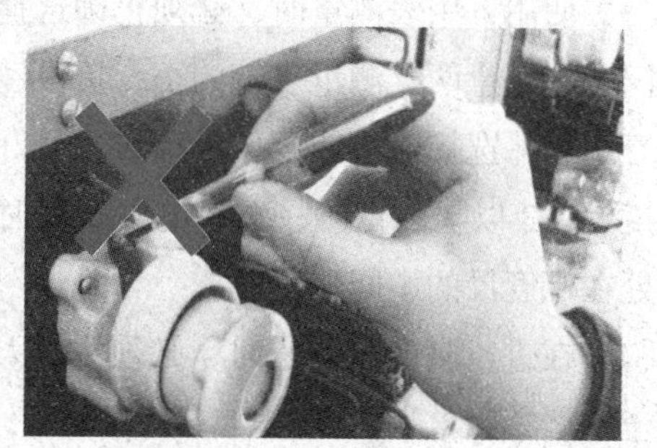

图 1-24　测电笔的错误握法

（5）多数测电笔前端金属体都制成一字旋具状，注意在用它拧螺钉时不要用力过猛，以防损坏。

小提示

1. 判断电线或用电设备是否带电，必须用测电笔等工具，决不允许用手触摸。

2. 测电笔的金属笔尖已接触带电导体时，切不可用手或身体的其他部位再去接触笔尖。

2. 万用表的使用

万用表是一种多用途、多量程的电工测量仪表。常用的万用表有模拟式和数字式两大类，如图 1–25 所示。数字式万用表读数直观，而模拟式万用表能方便快速地观察近似值或被测数值的变化情况。

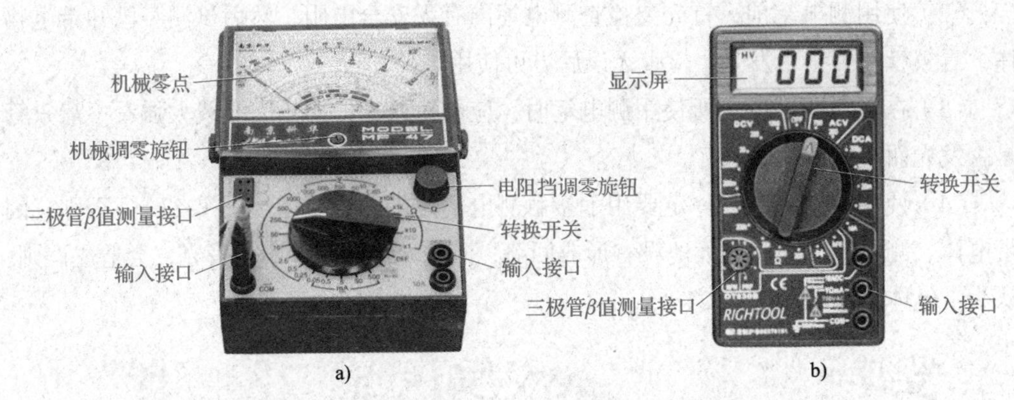

图 1–25　万用表
a）模拟式　b）数字式

使用万用表应注意以下几点：

（1）使用前必须仔细阅读使用说明书，了解转换开关的功能。

（2）对于模拟式万用表，必须先调准指针的机械零点，如图 1–26 所示。

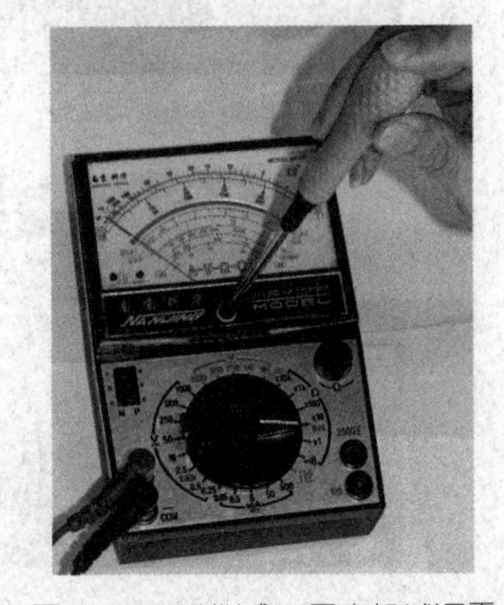

图 1–26　模拟式万用表机械调零

（3）使用万用表测量时，必须正确选择参数和量程，同时应注意两支测量表笔的正、负极性。对于模拟式万用表，选择电流或电压量程时，最好使指针处在标度尺 2/3 以上的位置；选择电阻量程时，最好使指针处在标度尺的中间位置。

（4）在进行高电压测量时，必须注意人身和仪表的安全，严禁带电切换开关。

（5）测量结束后，应将转换开关置于空挡或交流电压最高挡，以防下次测量时由于疏忽而损坏万用表。

（6）数字式万用表功能较多，但输出电压较低，对一些电压特性特殊的元件（如晶闸管、发光二极管等）测试不便，而且其过载能力较差，损坏后一般不易修复，使用中须加注意。

四、实训步骤

1．用测电笔检测设备带电情况

（1）了解测电笔的结构。

（2）试测某已知带电物体，判断测电笔是否正常。

（3）用测电笔检测电工实验台电源插座各孔是否带电。

2．用万用表测量直流电压

（1）调节直流电源输出电压。

（2）将万用表转换开关置于直流电压挡，根据被测电压大小选择适当量程。

（3）将万用表红、黑表笔与被测电压正、负端并联，读出电压值，测量结果为__________。

3．用万用表测量直流电流（图 1-27）

（1）将万用表转换开关置于直流电流挡，选择适当量程。

（2）将万用表的两支表笔接在断开的开关 S1 的两个接线柱上（注意表笔的正确连接），测量 S1 闭合时电路总电流大小，测量结果为__________。

（3）闭合开关 S1，用同样的方法测量开关 S2 闭合时通过电阻 R2 的电流大小，测量结果为__________。

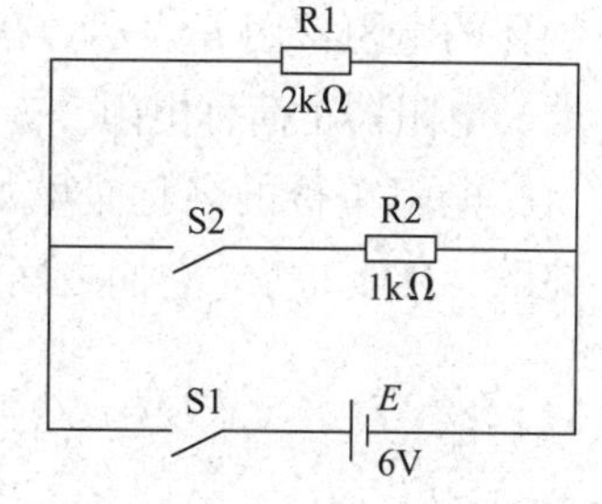

图 1-27 测量直流电流

4．用万用表测量交流电压（图 1-28）

（1）将万用表转换开关置于 500 V 交流电压挡。

（2）分别测量交流电压 U_{LN}、U_{LO}、U_{NO}。

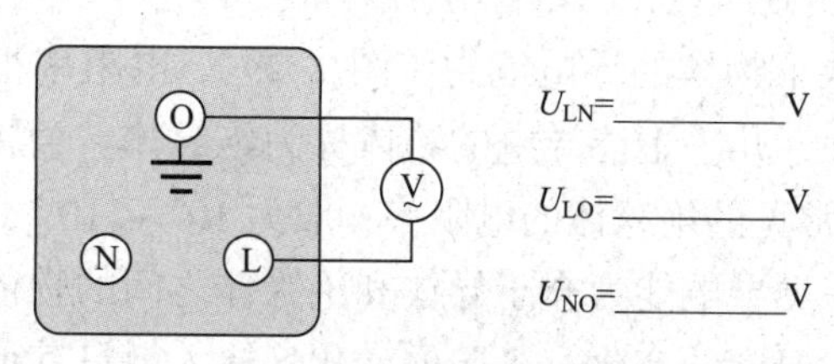

图 1-28 测量交流电压

§1-3 电阻

学习目标

1. 掌握电阻、电阻率的概念和电阻的计算式。
2. 了解常用电阻器的主要参数及部分敏感电阻器的特点。
3. 能用万用表正确测量电阻，并能用兆欧表正确测量绝缘电阻。

一、电阻和电阻率

当电流通过导体时，由于做定向移动的电荷会和导体内的带电粒子发生碰撞，所以导体在使电流通过的同时也对电流起着阻碍作用，这种对电流的阻碍作用称为电阻。导体的电阻常用 R 表示。在各种电路中，经常要用到具有一定电阻值的元件——电阻器，电阻器也简称电阻。

电阻单位的名称是欧姆，简称欧，用 Ω 表示。比较大的单位还有千欧（kΩ）、兆欧（MΩ）等。它们之间的换算关系为

$$1\ \mathrm{M\Omega}=10^3\ \mathrm{k\Omega}$$

$$1\ \mathrm{k\Omega}=10^3\ \Omega$$

导体的电阻是导体本身的一种性质。它的大小取决于导体的材料、长度和横截面积，可按下式计算：

$$R=\rho\frac{l}{S}$$

式中的比例常数 ρ 称为材料的电阻率，单位名称为欧姆米，简称欧米，用符号 Ω · m 表示；长度 l、横截面积 S 的单位分别为 m、m^2。

电阻率的大小反映了物体的导电能力（图 1–29）。电阻率很小、容易导电的物体称为导体；电阻率很大、几乎不能导电的物体称为绝缘体。金属导体的电阻率一般为 $10^{-8}\sim10^{-6}\ \Omega\cdot\mathrm{m}$，而常见的绝缘体的电阻率一般为 $10^{8}\sim10^{18}\ \Omega\cdot\mathrm{m}$。

除此之外，还有一类导电能力介于导体和绝缘体之间的物体，它们的导电性能受外界条件的影响很大，温度的变化、光照的变化、掺入微量其他物质等都可能使其导电性能发生显著的变化，这类物体称为半导体。半导体有着广泛应用，与人们的生产和生活紧密相关，例如生活中常用的电视机、计算机、手机、LED 灯等都离不开半导体元器件。

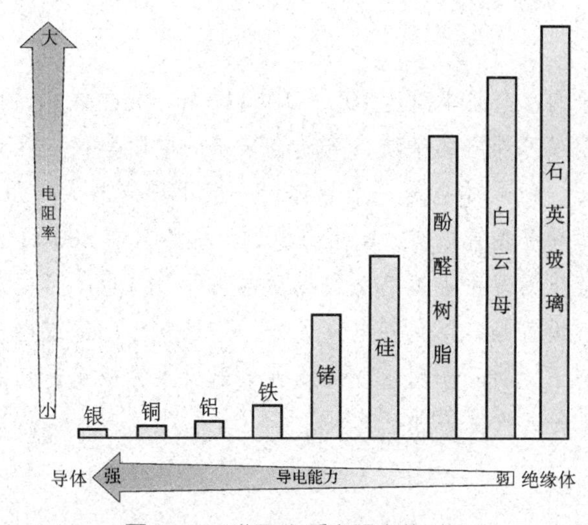

图 1–29 典型物质电阻率的对比

从图 1–29 中可以看出，纯金属的电阻率小，导电性能好，所以连接电路的导线一般用电阻率小的铝或铜来制作，必要时还在导线上镀银。合金的电阻率较大，常用来作为电阻器、电炉电阻丝的材料。而为了保证安全，电线的外皮和一些电工用具的手柄、外壳等都要用橡胶、塑料等绝缘材料制成。导体、绝缘体、半导体的典型应用示例如图 1–30 所示。

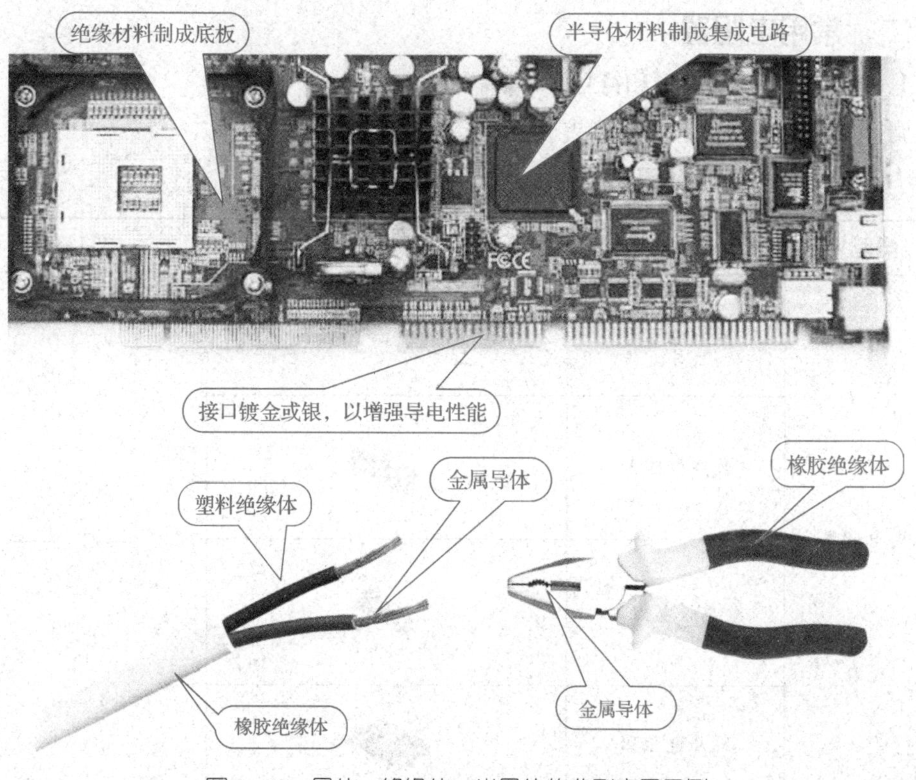

图 1–30 导体、绝缘体、半导体的典型应用示例

小提示

纯净的水电阻率高达 $10^4 \sim 10^5\ \Omega \cdot m$，是绝缘体，但日常使用的水都含有较多可导电的杂质，普通自来水的电阻率仅有几十欧·米，导电性能较好。而人体也是一个导体，一般干燥皮肤的电阻约为 2 kΩ，但如果皮肤潮湿或有损伤，电阻会急剧下降，只有 800 Ω 左右。因此在用电时，禁止用湿手去拔插头或扳动电气开关，也不可用湿毛巾去擦拭带电的电气设备等，以免触电。另外，一旦发生电线或电气设备起火，在带电状态下，决不能用水或泡沫灭火器灭火，应迅速切断电源，使用不导电的干粉灭火器等进行灭火。

知识拓展

电　导　率

电阻率的倒数称为电导率，用符号 σ 表示，单位名称是西门子每米，符号为 S/m，它表示电流通过的难易程度，其数值越大，电流越容易通过。

二、常用电阻器

1. 常用电阻器的外形和符号

常用电阻器的外形和符号见表 1–3。

表 1–3　常用电阻器的外形和符号

类型	名称	外形	电路符号
固定电阻器	碳膜电阻器		
	线绕电阻器		
	金属膜电阻器		
	贴片电阻器		

续表

类型	名称	外形	电路符号
可变电阻器	滑动变阻器		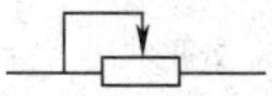
	带开关电位器		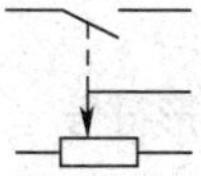
	微调电位器	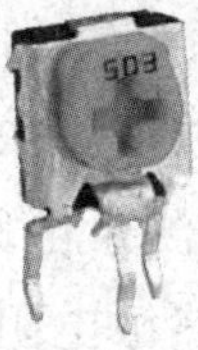	

2. 电阻器的主要参数

（1）标称阻值

标称阻值即电阻器的标准电阻值。

（2）允许偏差

允许偏差是指电阻器真实阻值与标称阻值之间的误差值。

（3）额定功率

额定功率也称标称功率，是指在一定的条件下，电阻器长期连续工作所允许消耗的最大功率。常用小型电阻器的标称功率一般分为 1/20 W、1/8 W、1/4 W、1 W、2 W 等，选用电阻器时一定要考虑其额定功率，以保证电阻器的安全工作。

三、敏感电阻器

敏感电阻器是指电阻值随温度、电压、湿度、光照程度、气体环境、磁场强度、压力等状态的变化而显著变化的电阻器，如热敏电阻、压敏电阻、湿敏电阻、光敏电阻等。部分敏感电阻器的外形和符号见表 1–4。

表 1–4　部分敏感电阻器的外形和符号

名称	光敏电阻	热敏电阻	压敏电阻
外形			
文字符号	RL	RT	RV
图形符号		θ	U

敏感电阻器在电子测量和自动控制系统中有广泛应用。以热敏电阻为例，电阻值随温度升高而减小的热敏电阻称为负温度系数（NTC）的热敏电阻，电阻值随温度升高而增大的热敏电阻称为正温度系数（PTC）的热敏电阻，实际应用较多的是负温度系数的热敏电阻，如图 1–31 所示为汽车水温测量电路示意图，若汽车冷却水的温度升高，则热敏电阻的电阻值下降，通过水温表的电流增大，显示的温度也相应升高。

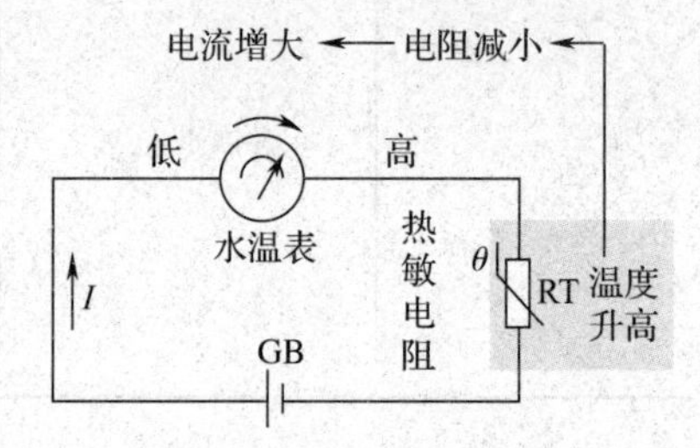

图 1–31　汽车水温测量电路示意图

知识拓展

接触电阻和绝缘电阻

1. 接触电阻

通常在分析电路时，都认为闭合的开关电阻为零，其实在开关接触部分总会存在一定的电阻，称为接触电阻。这是因为两导体接触部分总会有凹凸不平之处。此外，若接触部分被污染或由于腐蚀、过热产生氧化物，都会使接触电阻增大，在实际应用中须加注意。

2. 绝缘电阻

绝缘体并非绝对不导电，只不过它的电阻率很大，可以认为几乎不通过电流。但当温度和湿度上升、工作电压增大时，绝缘体的电阻会减小，漏电流会增大。为了使电路能安全工作，必须经常检测电气设备的绝缘电阻，确保其不低于规定值。

巩固练习

1. 有一个电阻，两端加上 50 mV 电压时，流过电阻的电流为 10 mA；当两端加上 10 V 电压时，流过电阻的电流值是多少？

2. 有一段导线，电阻是 8 Ω，如果把它对折起来作为一条导线使用，电阻是多少？如果把它均匀拉伸，使它的长度为原来的两倍，电阻又是多少？

实验与实训 2 用万用表和兆欧表测量电阻

一、实训目的

1. 能用万用表测量普通电阻。
2. 能识读色环电阻。
3. 能用兆欧表测量绝缘电阻。

二、实训器材

万用表、兆欧表、电烙铁。

三、相关知识

1. 用万用表测量普通电阻的方法及注意事项（表 1-5）

表 1-5 用万用表测量普通电阻的方法及注意事项

1. 准备测量电路中的电阻时应先切断电源，切不可带电测量	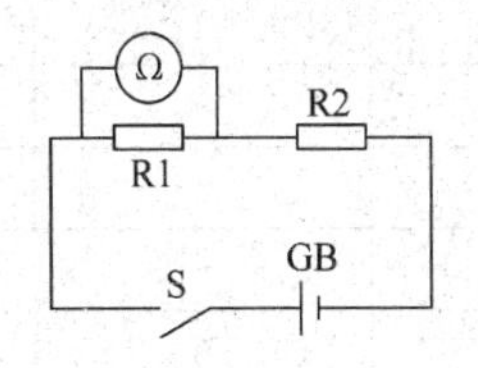
2. 首先估计被测电阻的大小，选择适当的倍率挡。对于模拟式万用表，需进行调零，即将两支表笔相接触，旋动电阻挡调零旋钮，使指针指到零位（注意：每换一次倍率挡都需要重新调零，若调不到零点，很可能是电池使用过久，此时应更换电池）	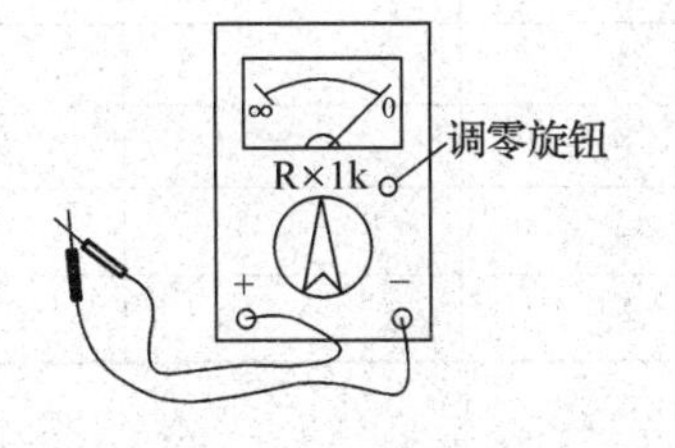

续表

3. 测量时双手不可碰到电阻引脚及表笔金属部分，以免接入人体电阻，引起测量误差	
4. 测量电路中某一电阻时，应将电阻的一端断开	

2．色环电阻的表示方法

电阻器的标称阻值和允许偏差一般都直接标注在电阻体的表面上，体积小的电阻器则用文字符号和色环表示。

如图 1–32 所示，五色环电阻器有 5 道色环，其中 4 道相距较近，作为阻值标注，第一道、第二道和第三道各代表一位数字，第四道则代表倍乘，即零的个数。第五道距前四道较远，作为误差标注。例如，阻值为 17.4 Ω、允许偏差为 ±1% 的电阻器，表示方法如图 1–33a 所示。

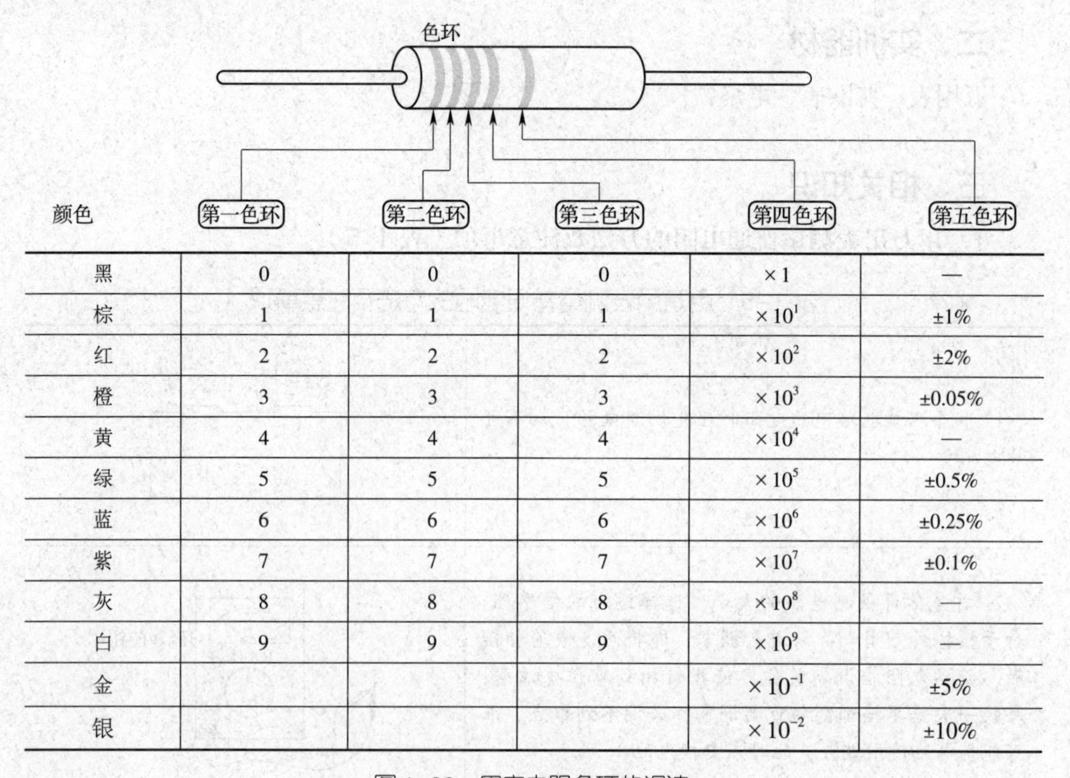

颜色	第一色环	第二色环	第三色环	第四色环	第五色环
黑	0	0	0	$\times 1$	—
棕	1	1	1	$\times 10^{1}$	±1%
红	2	2	2	$\times 10^{2}$	±2%
橙	3	3	3	$\times 10^{3}$	±0.05%
黄	4	4	4	$\times 10^{4}$	—
绿	5	5	5	$\times 10^{5}$	±0.5%
蓝	6	6	6	$\times 10^{6}$	±0.25%
紫	7	7	7	$\times 10^{7}$	±0.1%
灰	8	8	8	$\times 10^{8}$	—
白	9	9	9	$\times 10^{9}$	—
金				$\times 10^{-1}$	±5%
银				$\times 10^{-2}$	±10%

图 1–32　固定电阻色环的识读

四色环电阻器有 4 道色环，其中第一道、第二道为数字色环，第三道为倍乘色环，第四道为偏差色环。例如，阻值为 27 kΩ、允许偏差 ±5% 的电阻器，表示方法如图 1–33b 所示。

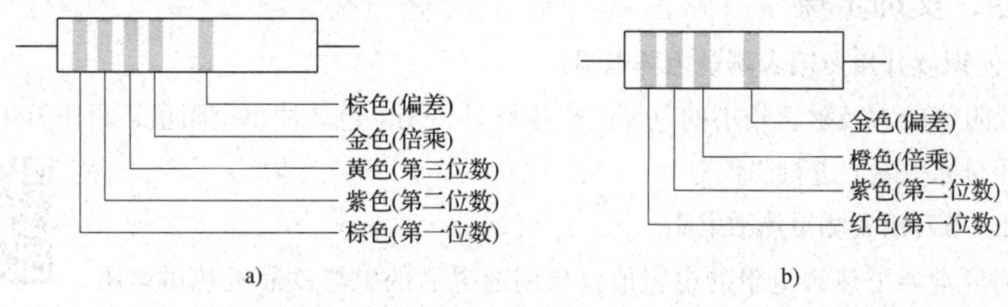

图 1–33 色环法示例

3. 兆欧表及其使用方法

图 1–34 所示为发电机式兆欧表。该表内部装有一个手摇发电机，测量时可以产生高压，使绝缘电阻的漏电流能驱动表头显示测量结果。

兆欧表的基本用法是：将线路端（L）和接地端（E）分别接在被测设备相应端子上，由慢到快旋转手柄，当转速达到 120 r/min 时，保持转速均匀、稳定，当指针稳定时读出读数，记录数据。

数字式兆欧表（图 1–35）输出功率大、带载能力强、抗干扰能力强，量程可自动转换，一目了然的操作面板和 LCD 显示屏使测量十分方便和迅捷。数字式兆欧表使用时不需人力做功，优先使用交流电供电，不接交流电时，使用电池供电。

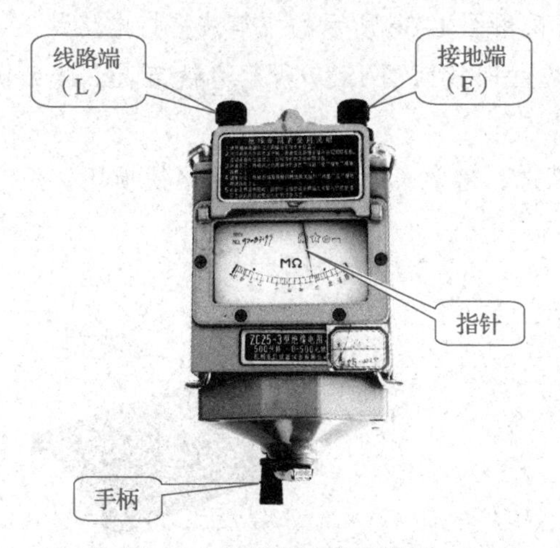

图 1–34 发电机式兆欧表

图 1–35 数字式兆欧表

数字式兆欧表测量绝缘电阻时，线路端（L）与被测物同大地绝缘的导电部分相接，接地端（E）与被测物体外壳或接地部分相接，屏蔽端（G）与被测物体保护遮蔽部分或其他不参与测量的部分相接。

在测量过程中，兆欧表“E”“L”端子之间有较高电压，操作时注意人体各部分不可触及。

四、实训步骤

1. 识读并用万用表测量色环电阻

取阻值较大及阻值较小的色环电阻各数只，先由色环读出电阻值，再用万用表测量，并与标称阻值进行比较。

2. 用万用表测量热敏电阻

测量常温下热敏电阻的电阻值，再用通电后的电烙铁靠近热敏电阻，观察该热敏电阻的电阻值如何变化，在表 1–6 中记录数值，并判断其是正温度系数热敏电阻，还是负温度系数热敏电阻。

表 1–6　测量热敏电阻

热敏电阻型号	常温下电阻值	温度升高后电阻值	类型判断

小提示

电烙铁加热后温度较高，有一定的危险性，使用时应注意以下问题：

1. 小心操作，避免身体接触烙铁头造成烫伤。

2. 靠近热敏电阻时应慢速操作，保持一定距离，避免烙铁头直接接触热敏电阻而造成损坏，可采用图 1–36 所示的握笔法握持电烙铁。

3. 不使用电烙铁时，应立即放回图 1–37 所示烙铁架上，避免伤及他人，或造成其他物品的损坏。

4. 实验结束后应及时断电，避免长期通电造成电烙铁损坏。

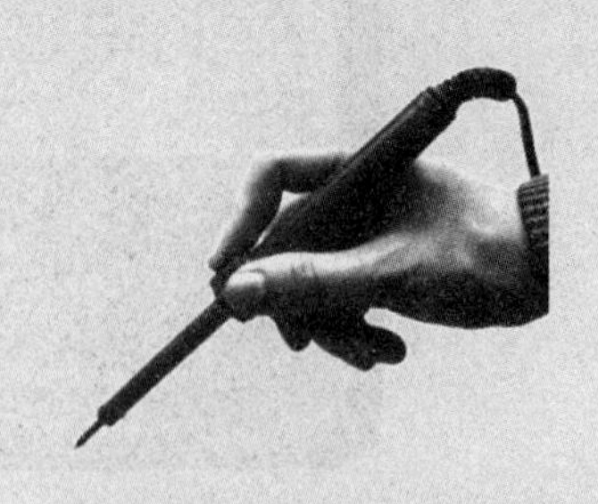

图 1–36　握笔法握持电烙铁

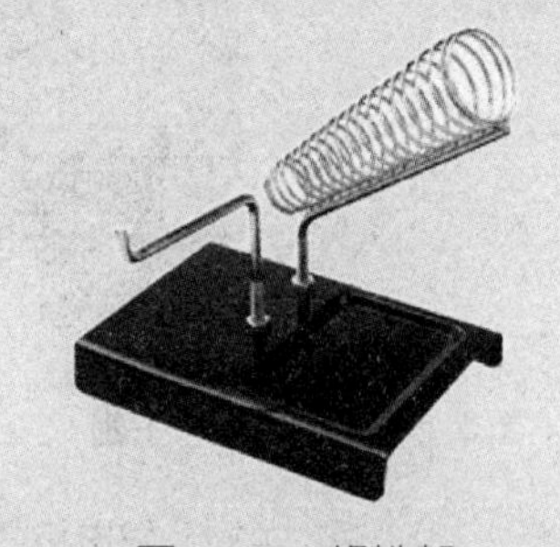

图 1–37　烙铁架

3. 使用兆欧表测量电动机相、地之间的绝缘电阻

如图 1–38 所示，打开被测电动机接线盒，拆开短路片，将兆欧表的线路端（L）接在被测电动机一相的接线端子上，接地端（E）接在被测电动机外壳接地部位，由慢到快旋转手柄，当转速达到 120 r/min 时，保持转速均匀、稳定，当指针稳定时读出数值，记入表 1–7。

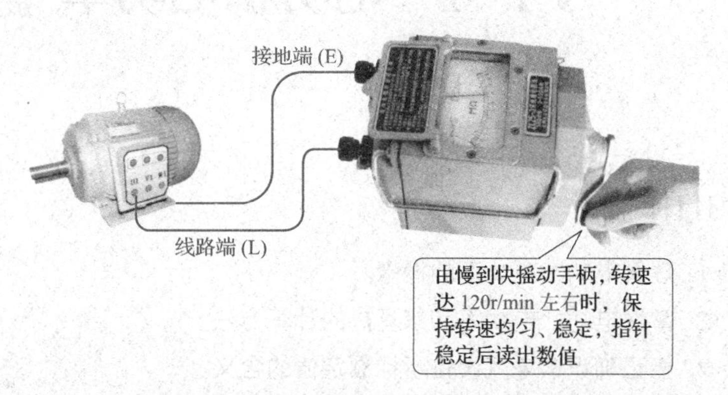

图 1–38 用兆欧表测量电动机相、地之间的绝缘电阻

4. 用兆欧表测量电动机两相之间的绝缘电阻

如图 1–39 所示，打开被测电动机接线盒，拆开短路片，将兆欧表的线路端（L）和接地端（E）接在被测量的电动机两相的接线端子上，由慢到快旋转手柄，当转速达到 120 r/min 时，保持转速均匀、稳定，当指针稳定时读出数值，记入表 1–7。

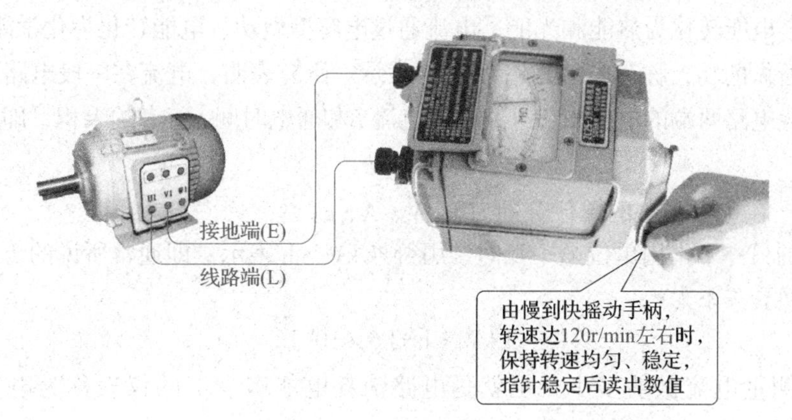

图 1–39 用兆欧表测量电动机两相之间的绝缘电阻

表 1–7 测量电动机的绝缘电阻

相、地之间的电阻			两相之间的电阻		
U–N	V–N	W–N	U–V	V–W	W–U

§1-4　电功和电功率

学习目标

1. 理解电功、电功率的概念。
2. 掌握电功、电功率和焦耳热的计算方法。
3. 能正确识读电气设备所标额定值的含义。

一、电功

电流做功的过程，实质上就是将电能转化为其他形式的能的过程。例如，电流通过电动机做功，电能转化为机械能；电流通过电炉做功，电能转化为热能；电流通过灯泡做功，电能转化为热能和光能；电流通过电解槽做功，电能转化为化学能等。

电流所做的功，称为**电功**，用字母 W 表示。研究表明，电流在一段电路上所做的功等于这段电路两端的电压 U、电路中的电流 I 和通电时间 t 三者的乘积，即：

$$W = UIt$$

式中，W、U、I、t 的单位分别为 J、V、A、s。

电功的另一个常用单位是**千瓦时**，用符号 kW · h 表示，即通常所说的 1 **度**电，它和焦耳的换算关系为：

$$1\ \text{kW}\cdot\text{h}=3.6\times10^{6}\ \text{J}$$

用来测量电流做功多少（也就是电路消耗电能多少）的仪表称为电能表，如图 1–40 所示。

a)

b)

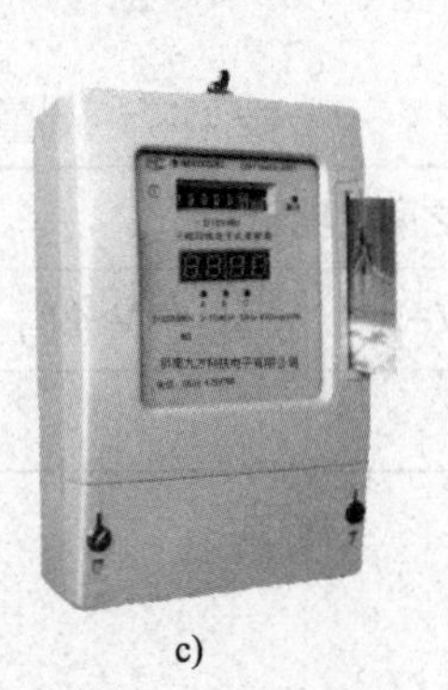
c)

d)

图 1–40　电能表

a）机械式电能表　b）电子式电能表　c）预付费 IC 卡式电能表　d）智能电能表

二、电功率

在相同的时间内，电流通过不同的负载所做的功，一般并不相同。例如，同一时间内电流通过电力牵引机车的电动机所做的功，显然比通过电扇的电动机所做的功要大得多。为了表征电流做功的快慢程度，引入了电功率这一物理量。

电流在单位时间内所做的功称为电功率，用字母 P 表示，单位是瓦特（W），其计算式为：

$$P = \frac{W}{t} = UI$$

对于纯电阻电路，根据初中时学过的欧姆定律，上式还可以写为：

$$P = I^2R \text{ 或 } P = \frac{U^2}{R}$$

小提示

在计算电功率时应注意以下几点：

（1）只有在 U 和 I 为关联参考方向的情况下，才能应用 $P = UI$ 来计算电功率，否则应添加一个负号，即 $P = -UI$。

（2）公式选定后，U 和 I 的代入值应包括其正、负号。

（3）无论应用哪个公式计算的结果，只要 P 为正值，就表明元件吸收功率，处于负载状态；若 P 为负值，则表明元件发出功率，处于电源状态。

【例 1–2】 某同学家中一个四位插排可承受的最大电压为 220 V，可通过的最大电流为 10 A，分析：

（1）该插排上能安装的用电器总功率最大应为多少？

（2）若该插排上已连接了一台 900 W 的微波炉、两盏 15 W 的台灯，三个设备都在正常工作中，此时还能再在剩余的一个孔位上连接一台 1 500 W 的电取暖器并开机运行吗？

解：（1）利用公式求出插排所能承受的最大功率

$$P = UI = 220\ \text{V} \times 10\ \text{A} = 2\,200\ \text{W}$$

（2）求出已连接并正在运行的电器的总功率

$$P_1 = 900\ \text{W} + (15 \times 2)\ \text{W} = 930\ \text{W}$$

可以看出，$P_2 = P - P_1 = 2\,200\ \text{W} - 930\ \text{W} = 1\,270\ \text{W} < 1\,500\ \text{W}$

所以，此时不应再将电取暖器连接到这个插排上使用。

小提示

对于电取暖器这类大功率电器，使用前应仔细阅读使用说明书，按要求使用，确保用电安全，一般应使用房间墙体上的固定插座单独供电。

三、电流的热效应

电流通过导体时使导体发热的现象称为电流的热效应。也就是说，电流的热效应就是电能转换成热能的效应，电流与它流过导体时所产生的热量之间的关系可用下式表示：

$$Q = I^2Rt = \frac{U^2}{R}t$$

Q 的单位是焦耳（J），这种热也称焦耳热。

如果电路中的负载只有电阻一种类型，那么电流所做的功与产生的热量相等，即电能全部转换为电路的热能；如果电路中还有电动机、电解槽等其他类型负载，电能除部分转换为热能外，还有一部分要转换为机械能、化学能等。

【例 1–3】 电烤箱是一种利用电流的热效应来加热食品的电器，这里粗略地将其看作一个简单的纯电阻负载，假设其电阻为 32 Ω，工作电压是 220 V，用它制作烤肉，共通电运行 20 min，电烤箱共放出了多少热量？消耗的电能是多少？假设当地电费每度 0.5 元，则需花费多少电费？

解：电烤箱放出的热量为

$$Q = \frac{U^2}{R}t = \frac{220^2}{32} \times 20 \times 60\ \text{J} = 1.815 \times 10^6\ \text{J}$$

消耗的电能为

$$W = Q = \frac{1.815 \times 10^6}{3.6 \times 10^6}\ \text{kW} \cdot \text{h} = 0.504\ \text{kW} \cdot \text{h}$$

所需电费为

$$0.504 \times 0.5\ \text{元} \approx 0.25\ \text{元}$$

电流的热效应在生产生活中有许多应用，在生活中常用到电熨斗、电暖器、电饭锅、电烤箱等，在生产中利用电弧加热可以产生非常高的温度，从而用于焊接等工作。此外，还可以选用低熔点的铅锡合金等制成熔断器的熔丝以保护电路和设备。

电流的热效应也有不利的一面，如电动机在运行中发热，不仅消耗电能，而且会加速绝缘材料的老化，严重时会发生事故。因此，在电气设备中应采取防护措施，以避免由电流的热效应所造成的危害。例如，许多电气设备的机壳上都装有散热孔，有的电动机里还装有风扇，都是为了加快散热（图 1–41）。

通过新技术的应用减少不利的电流热效应，还能为节能环保做出贡献。传统的白炽灯在点亮时温度很高，大量的电能通过电流的热效应转化为热能散发出去，照明的效率较低。而近年来广泛应用的 LED 灯则要高效得多，一个 5 W 的 LED 灯即可达到传统 60 W 白炽灯的照明效果，因此，LED 灯已成为新一代的主流节能照明产品。

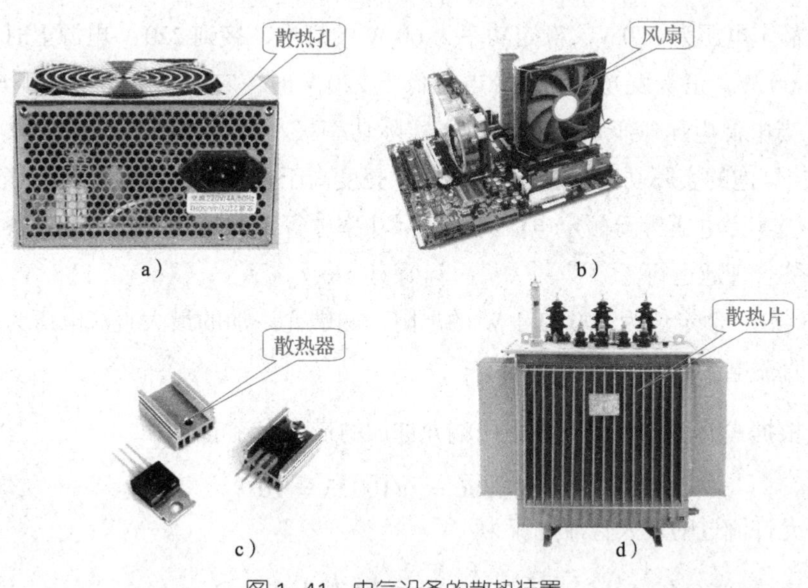

图 1–41 电气设备的散热装置

四、负载的额定值

电气设备长期安全工作时各个参数所允许的最大值称为额定值。常见的额定值有额定电流、额定电压、额定功率等。电气设备在额定功率下的工作状态称为额定工作状态，也称满载；低于额定功率的工作状态称为轻载；高于额定功率的工作状态称为过载或超载。由于过载很容易烧坏用电器，所以一般不允许出现过载。一般元器件和设备的额定值都标在其明显位置，如灯泡上标有的“220 V /40 W”、电阻上标有的“100 Ω/2 W”等都是它们的额定值。电动机的额定值通常标在其外壳的铭牌上，故其额定值也称铭牌数据。灯泡和电动机额定值的标记实例如图 1–42 所示。

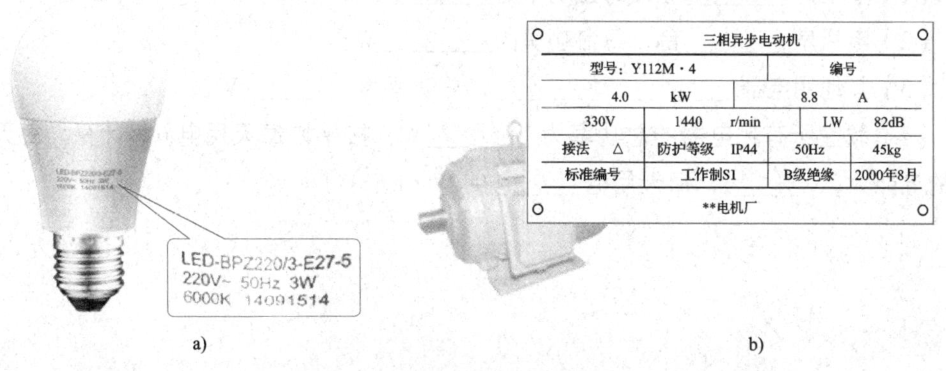

图 1–42 电气设备的额定值

a）灯泡额定值的标志 b）电动机的铭牌

一只额定电压为 220 V、额定功率为 60 W 的灯泡，接到 220 V 电源上时，它的实际功率是 60 W，正常发光；当电源电压低于 220 V 时，它的实际功率小于 60 W，发光暗淡；当电源电压很低时，灯泡由于实际功率极小而不会发光；当电源电压高于 220 V 时，灯泡的实际功率就会超过 60 W，亮度高于正常情况，甚至会烧坏灯泡。这说明只有当实际电压等于额定电压时，实际功率才等于额定功率，用电设备才能安全可靠、经济合理地运行。

【例 1–4】 额定值为 100 Ω/1 W 的电阻，两端允许加的最大直流电压为多少？允许流过的直流电流又是多少？

解：根据式 $P=\frac{U^2}{R}$ 可得，电阻两端允许加的最大直流电压为

$$U=\sqrt{PR}=\sqrt{100}\ \text{V}=10\ \text{V}$$

电阻允许流过的最大直流电流为

$$I=\frac{P}{U}=\frac{1}{10}\ \text{A}=0.1\ \text{A}$$

巩固练习

1. 有人根据计算式 $P=I^2R$ 说，电功率与电阻成正比；又有人根据计算式 $P=\frac{U^2}{R}$ 说，电功率与电阻成反比。他们的说法对吗？为什么？

2. 一只额定值 220 V/40 W 的灯泡，正常发光时通过的电流为______A，灯丝的热电阻为______Ω，如果把它接到 110 V 的电源上，它实际消耗的功率为______W。

3. 点亮的 40 W 白炽灯泡，用手靠近，感到很热；而正在运转的几千瓦电动机，手摸外壳，却并不感到很热，这是为什么？

4. 观察你所在教室有哪些用电器，计算教室每天消耗的电能。

（1）照明灯________盏，每盏功率为________W；

（2）电风扇________台，每台功率为________W；

（3）其他用电器________、________，总功率为________W；

（4）教室所有用电器的总功率为 ________W，按平均每天用电 6 h 计算，每天消耗的电能为________ J，每天用电________ kW · h。

本章小结

1. 电路的主要物理量（表 1-8）

表 1-8 电路的主要物理量

名称	符号	物理意义	国际单位制的单位名称及符号
电流	I	单位时间内通过导体横截面的电荷量 $I=\frac{Q}{t}$	安培（A）
电压	U	电场力移动单位正电荷所做的功	伏特（V）
电位	U	电路中某点与参考点之间的电压	伏特（V）
电动势	E	非静电力克服电场力，将单位正电荷从电源的负极经电源内部移到正极所做的功	伏特（V）
电阻	R	导体对电流的阻碍作用 $R=\rho\frac{l}{S}$	欧姆（Ω）
电功	W	电流所做的功 $W=UIt$	焦耳（J）
电功率	P	电流在单位时间内所做的功 $P=UI$	瓦特（W）

2. 形成电流必须具备两个条件：要有能自由移动的电荷——载流子；导体两端必须保持一定的电压，电路必须闭合。

3. 电路中任意两点之间的电位差就等于这两点之间的电压，故电压又称电位差。电位是相对的数值，随参考点的改变而改变，但电压是绝对的数值，不随参考点的改变而改变。

4. 电动势只存在于电源内部，而电压不仅存在于电源两端，还存在于电源内部；在有载情况下，电源端电压总是低于电源电动势，只有当电源开路时，电源端电压才与电源电动势相等。

5. 额定值就是保证电气设备能长期安全工作的参数最大值，最大电压、最大电流和最大功率分别称为额定电压、额定电流和额定功率。只有当实际电压等于额定电压时，实际功率才等于额定功率，电气设备才能安全可靠、经济合理地工作。

第二章
简单直流电路的分析

§2-1　全电路欧姆定律

学习目标

1. 掌握全电路欧姆定律。
2. 能用全电路欧姆定律分析电路的三种工作状态。
3. 掌握测量电源电动势和内阻的方法。

一、部分电路欧姆定律

在初中，我们曾学习过欧姆定律，其内容是：导体中的电流与导体两端的电压成正比，与导体的电阻成反比，其公式为：

$$I = \frac{U}{R}$$

实际上，以上定律中所涉及的这段电路并不包括电源。这种只含有负载而不包含电源的一段电路称为部分电路，如图 2-1a 虚线框中所示。因此，更准确地说，这一定律应称为部分电路欧姆定律。

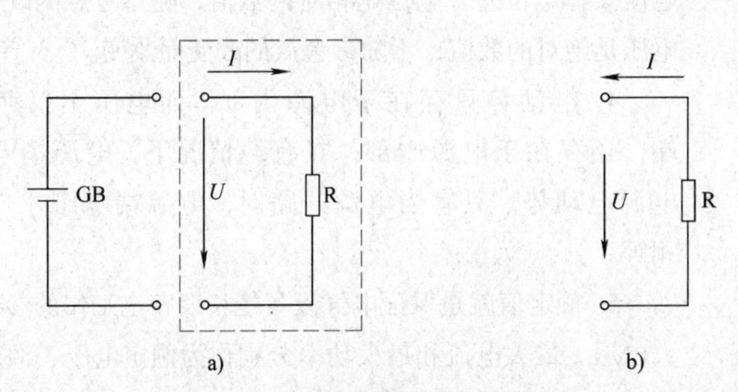

图 2-1　部分电路参考方向的选取

a）电压和电流方向相同　b）电压和电流方向相反

部分电路欧姆定律的计算公式还与参考方向的选取有关。在图 2–1b 所示电路中，电压 U 与电流 I 选为非关联参考方向，则部分电路欧姆定律的表达式也应相应改为：

$$I = -\frac{U}{R}$$

如果以电压为横坐标，电流为纵坐标，可画出电阻的 U/I 关系曲线，称为伏安特性曲线。伏安特性曲线是直线的电阻元件，称为线性电阻（图 2–2），其电阻值可认为是不变的常数；不是直线的，则称为非线性电阻（图 2–3）。

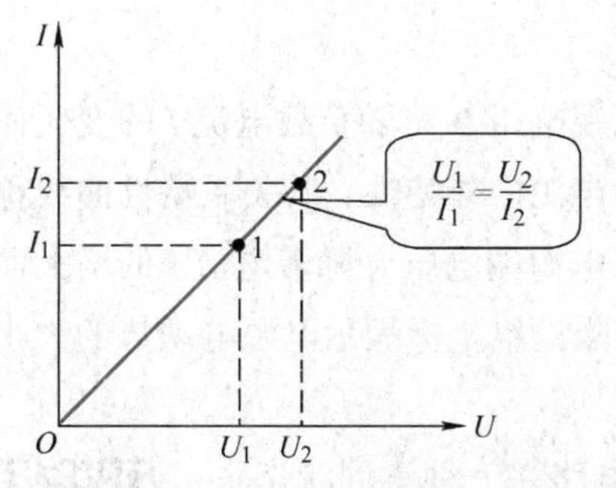

图 2–2　线性电阻的伏安特性曲线

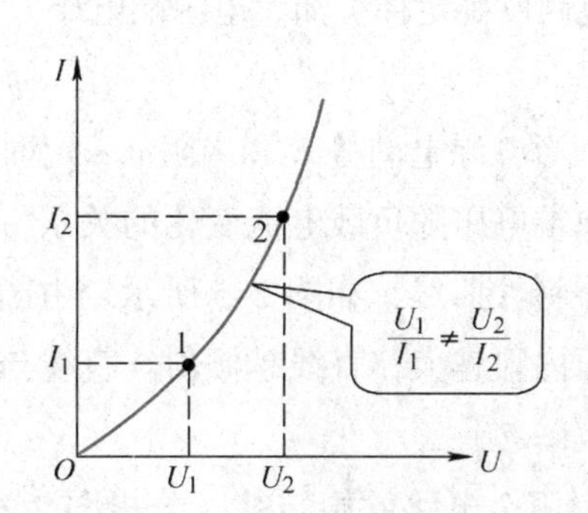

图 2–3　非线性电阻的伏安特性曲线

二、全电路欧姆定律

与部分电路相对应，含有电源的闭合电路称为全电路，如图 2–4 所示。电源内部的电路称为内电路，如发电机的线圈、电池内的溶液等。电源内部的电阻称为内电阻，简称内阻。电源外部的电路称为外电路，外电路中的电阻称为外电阻。

图 2–4 中，为了便于表达，将电源内部电阻等效为一个独立的电阻 r 来表示，如无特殊说明，本书中均采用此种表达方式，即电源符号⊣⊢仅表示电源的电动势。

全电路欧姆定律的内容是：闭合电路中的电流与电源的电动势成正比，与电路的总电阻（内电阻与外电阻之和）成反比，公式为：

$$I = \frac{E}{R + r}$$

由上式可得：

$$E = IR + Ir = U_{外} + U_{内}$$

式中，$U_{内}$为内电路的电压降，$U_{外}$为外电路的电压降，也是电源两端的电压。这样，全电路欧姆定律又可表述为：在一个闭合回路中，电源电动势等于外电路电压降与内电路电压降之和。

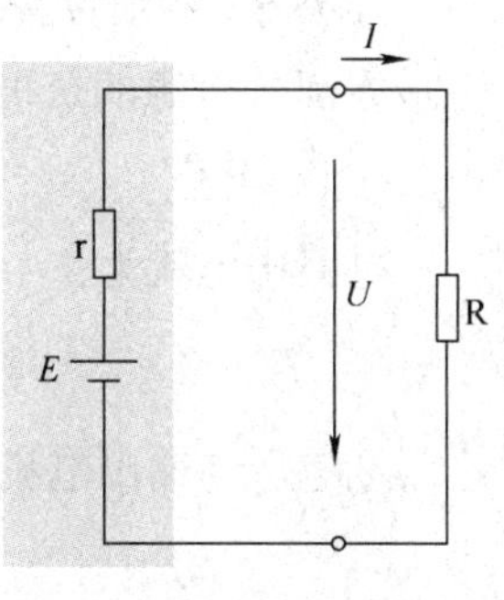

图 2–4　简单的全电路

将公式 $E=IR+Ir$ 两边同乘以 I，可得：

$$IE = I^2R + I^2r$$

即：

$$P_{电源} = P_{负载} + P_{内阻}$$

上式表明，在一个闭合回路中，电源电动势发出的功率，等于负载电阻消耗的功率和电源内阻消耗的功率之和。这种关系称为电路中的**功率平衡**。

三、电路的三种状态

由全电路欧姆定律可知，电源端电压 U 与电源电动势 E 的关系为：

$$U = E - Ir$$

可见，当电源电动势 E 和内阻 r 一定时，电源端电压 U 将随负载电流 I 的变化而变化。电源端电压随负载电流变化的关系特性称为**电源的外特性**，其关系特性曲线称为电源的**外特性曲线**，如图 2–5 所示。由图可见，电源端电压 U 随着电流 I 的增大而减小。电源内阻越大，直线越倾斜。直线与纵轴交点的纵坐标表示电源电动势的大小（$I=0$ 时，$U=E$）。

下面应用全电路欧姆定律，分析图 2–6 所示电路在三种不同状态下，电源端电压与输出电流之间的关系。

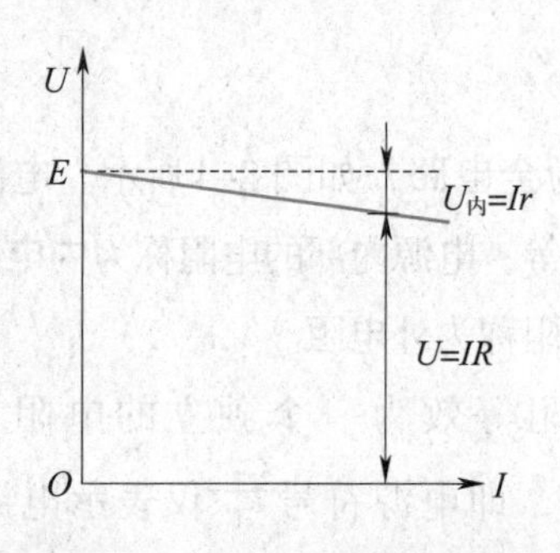

图 2–5　电源的外特性曲线

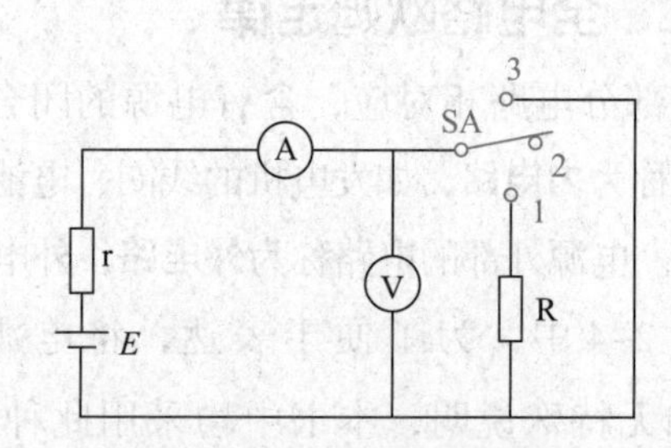

图 2–6　电路的三种状态

1. 通路

开关 SA 接到位置 1 时，电路处于**通路**状态。电流从电源的正极沿着导线经过负载最终回到电源的负极，电流形成闭合路径，所以也称**闭路**。这是电路的**正常工作状态**。

电路中电流为：

$$I = \frac{E}{R+r}$$

端电压与输出电流的关系为：

$$U_{外} = E - U_{内} = E - Ir$$

可见，当电源电动势和内阻一定时，端电压随输出电流的增大而下降。通常把通过大电流的负载称为大负载，把通过小电流的负载称为小负载。也就是说，当电源的内阻一定时，电路接大负载，端电压下降较多；电路接小负载，端电压下降较少。

2. 开路（断路）

开关 SA 接到位置 2 时，电路处于开路状态，相当于负载电阻 $R \to \infty$ 或电路中某处连接导线断开。此时电路中电流为零，内阻电压降也为零，$U_{外} = E - Ir = E$，即电源的开路电压等于电源的电动势。

实际电路中，导体因接触面有氧化层、脏污、接触面过小、接触压力不足等，会出现电阻过大的现象，严重时也会造成开路。

3. 短路

开关 SA 接到位置 3 时，相当于电源两极被导线直接相连，电路处于短路状态。电路中短路电流 $I_{短} = E/r$。由于电源内阻一般都很小，所以短路电流极大。此时电源对外输出电压 $U = E - I_{短} r = 0$。

电源短路是严重的故障状态，必须避免发生。但有时在调试和维修电气设备的过程中，有意将电路中某一部分短路，这是为了让与调试过程无关的部分暂时不通电流，或是为了便于发现故障而采用的一种特殊方法，这种方法只有在确保电路安全的情况下才能采用。

【例 2–1】 在图 2–7 所示电路中，设电阻 $R_1 = 14\ \Omega$，$R_2 = 9\ \Omega$。当开关 SA 接到位置 1 时，由电流表测得 $I_1 = 0.2$ A；接到位置 2 时，测得 $I_2 = 0.3$ A。求电源电动势 E 和内电阻 r。

解：根据全电路欧姆定律，可列出联立方程：

$$\begin{cases} E = I_1 R_1 + I_1 r \\ E = I_2 R_2 + I_2 r \end{cases}$$

消去 E，解得

$$r = \frac{I_1 R_1 - I_2 R_2}{I_2 - I_1} = \frac{0.2 \times 14 - 0.3 \times 9}{0.3 - 0.2}\ \Omega = 1\ \Omega$$

把 r 的值代入 $E = I_1 R_1 + I_1 r$ 或 $E = I_2 R_2 + I_2 r$，可得

$$E = 3\ \text{V}$$

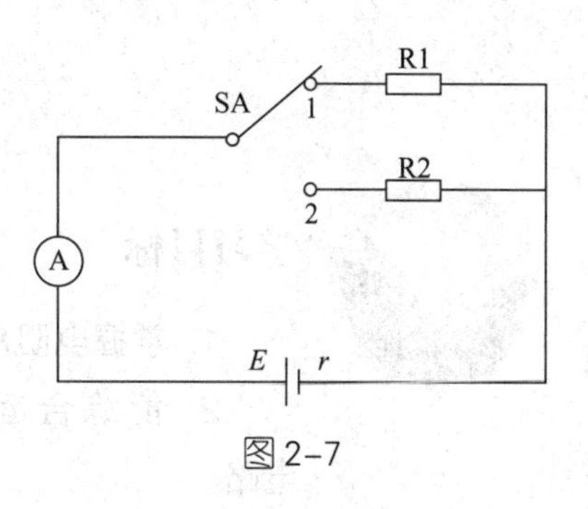

图 2–7

实验室中通常就采用上述方法来测量电源的电动势和内阻。

巩固练习

1. 图 2–8 给出了三个电阻的电流随电阻两端电压变化的曲线，由曲线可知，电阻________的阻值最大，________的阻值最小。

2. 下面这些说法对吗？为什么？

（1）当电源的内电阻为零时，电源电动势的大小就等于电源端电压。

（2）当电路开路时，电源电动势的大小就等于电源端电压。

（3）在通路状态下，负载电阻变大，端电压就下降。

（4）在短路状态下，电源内电压降等于零。

（5）在电源电压一定的情况下，电阻大的负载就是大负载。

3. 在图 2-9 所示电路中，开关 S 接通后，调整负载电阻 RL，当电压表读数为 80 V 时，电流表读数为 10 A，电压表读数为 90 V 时，电流表读数为 5 A。求发电机 G 的电动势 E 和内阻 r（熔断器 FU 的电阻忽略不计）。

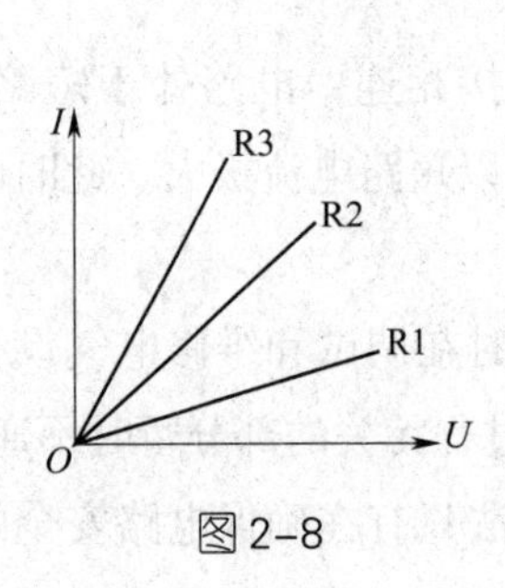

图 2-8

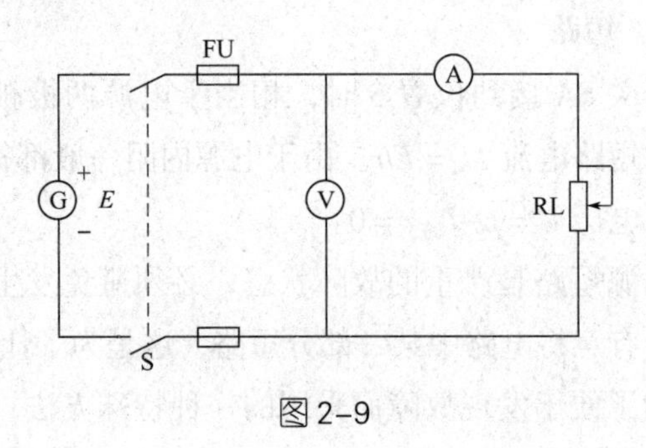

图 2-9

§ 2-2 电阻的连接

学习目标

1. 掌握电阻串、并联电路的特点及其应用。

2. 能综合运用欧姆定律和电阻串、并联关系分析计算简单电路。

一、电阻的串联

有一种装饰小彩灯，它是将许多灯泡逐个顺次连接在电路里制成的，所有灯泡只能一起亮，只要其中有一只灯泡熄灭，所有灯泡就全部熄灭（图 2-10）。像这样把多个元件逐个顺次连接起来，就组成了**串联电路**。

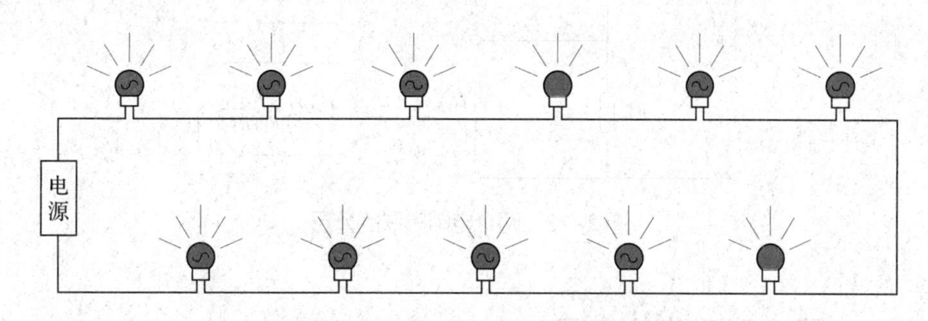

图 2-10　串联而成的装饰小彩灯电路

图 2-11a 是由三个电阻组成的串联电路。图 2-11b 所示为其等效电路。

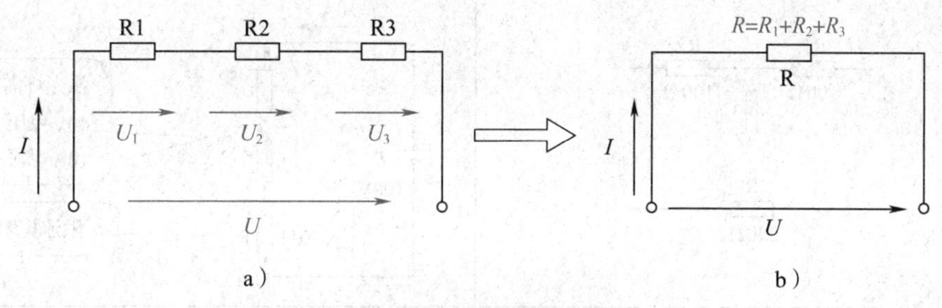

图 2-11　电阻的串联

a）电阻的串联电路　b）等效电路

电阻串联电路具有以下特点：

（1）电路中流过每个电阻的电流都相等。

（2）电路两端的总电压等于各电阻两端的分电压之和，即：

$$U = U_1 + U_2 + \cdots + U_n$$

（3）电路的等效电阻（即总电阻）等于各串联电阻之和，即：

$$R = R_1 + R_2 + \cdots + R_n$$

（4）电路中各个电阻两端的电压与它的阻值成正比，即：

$$\frac{U_1}{R_1} = \frac{U_2}{R_2} = \cdots = \frac{U_n}{R_n}$$

上式表明，在串联电路中，阻值越大的电阻分配到的电压越大，反之电压越小。

若已知 R1 和 R2 两个电阻串联，电路总电压为 U，则分压公式如图 2-12 所示。

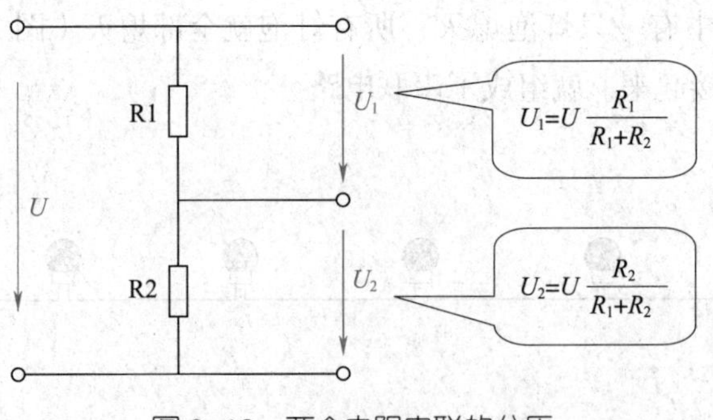

图 2-12　两个电阻串联的分压

二、电阻串联电路的应用

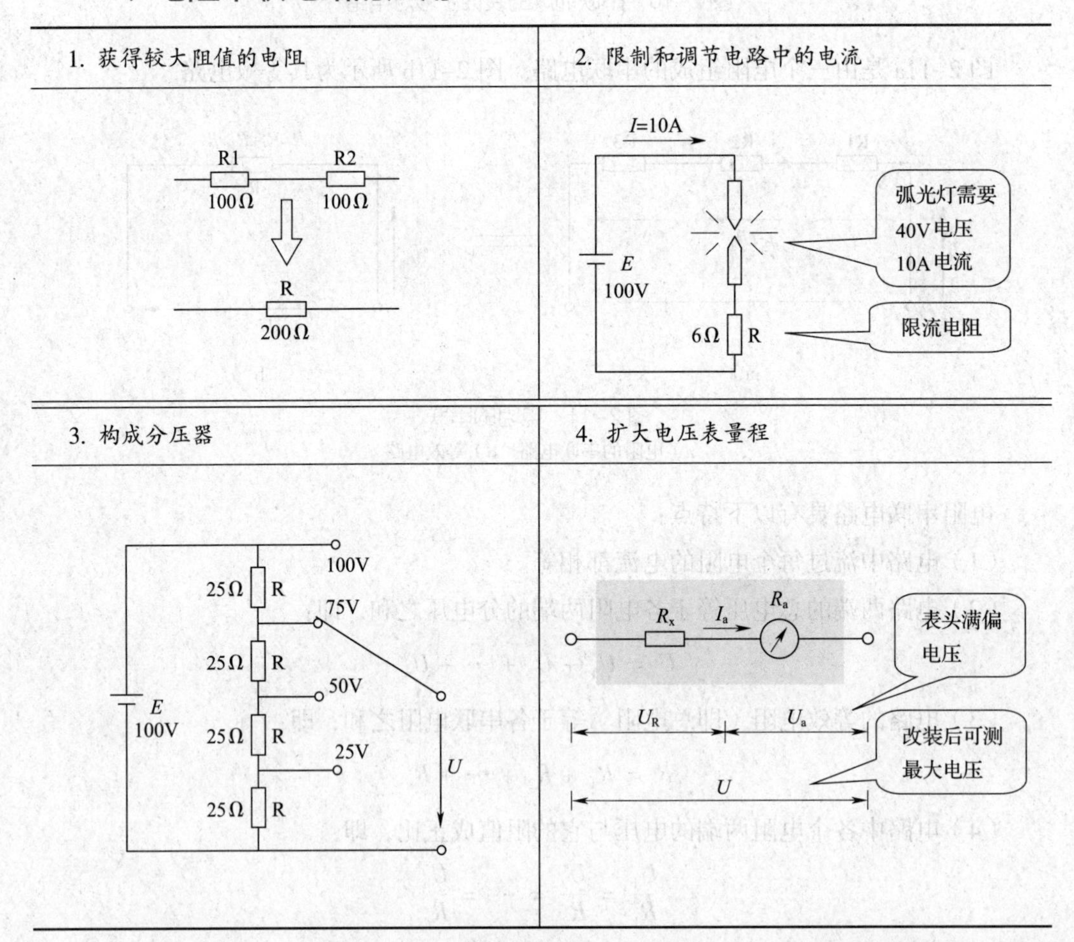

【例 2-2】 有一只微安表，表头等效内阻 $R_a = 10\ k\Omega$，满刻度电流（即允许通过的最大电流）$I_a = 50\ \mu A$，如改装成量程为 10 V 的电压表，应串联多大的电阻？

解：按题意，当表头满刻度时，表头两端电压 U_a 为

$$U_a = I_aR_a = 50 \times 10^{-6} \times 10 \times 10^3\ V = 0.5\ V$$

设量程扩大到 10 V 需要串入的电阻为 R_x，则

$$R_x = \frac{U_x}{I_a} = \frac{U - U_a}{I_a} = \frac{10 - 0.5}{50 \times 10^{-6}}\ \Omega = 190\ \text{k}\Omega$$

三、电阻的并联

家庭中使用的电灯、电风扇、电视机、电冰箱、洗衣机等用电器，都是并列地连接在电路中，并各自安装一个开关，它们可以分别控制，互不影响（图 2–13）。像这样把多个元件并列地连接起来，由同一电源供电，就组成了**并联电路**。

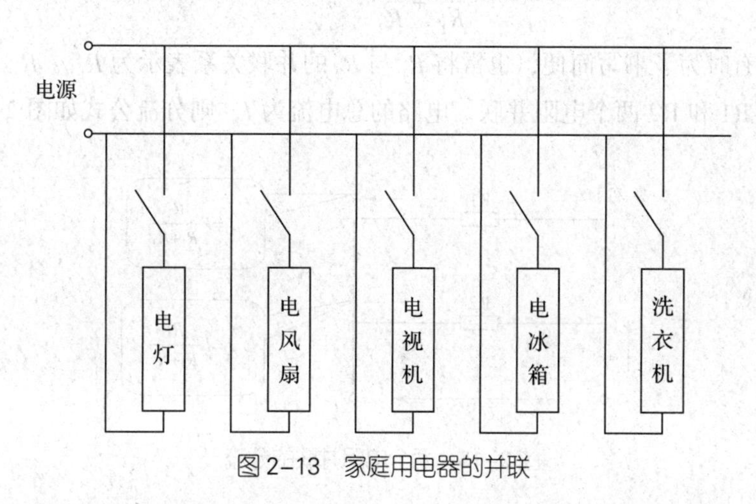

图 2–13 家庭用电器的并联

图 2–14a 是由三个电阻组成的并联电路。图 2–14b 所示为其等效电路。

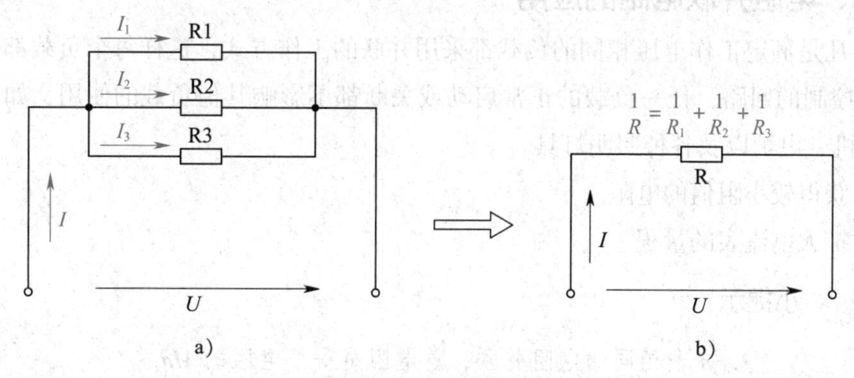

图 2–14 电阻的并联
a）电阻的并联电路 b）等效电路

电阻并联电路具有以下特点：

（1）电路中各电阻两端的电压相等，且等于电路两端的电压。

（2）电路的总电流等于流过各电阻的电流之和，即

$$I = I_1 + I_2 + \cdots + I_n$$

（3）电路的等效电阻（即总电阻）的倒数等于各并联电阻的倒数之和，即

$$\frac{1}{R}=\frac{1}{R_1}+\frac{1}{R_2}+\cdots+\frac{1}{R_n}$$

（4）电路中通过各支路的电流与支路的电阻成反比，即

$$IR=I_1R_1=I_2R_2=\cdots=I_nR_n$$

上式表明，阻值越大的电阻所分配到的电流越小，反之电流越大。

对于两个电阻并联的情况，由上式可得

$$R=\frac{1}{\frac{1}{R_1}+\frac{1}{R_2}}=\frac{R_1R_2}{R_1+R_2}$$

计算中有时为了书写简便，也常将 R_1 与 R_2 的并联关系表示为 $R_1 /\!/ R_2$。

若已知 R1 和 R2 两个电阻并联，电路的总电流为 I，则分流公式如图 2–15 所示。

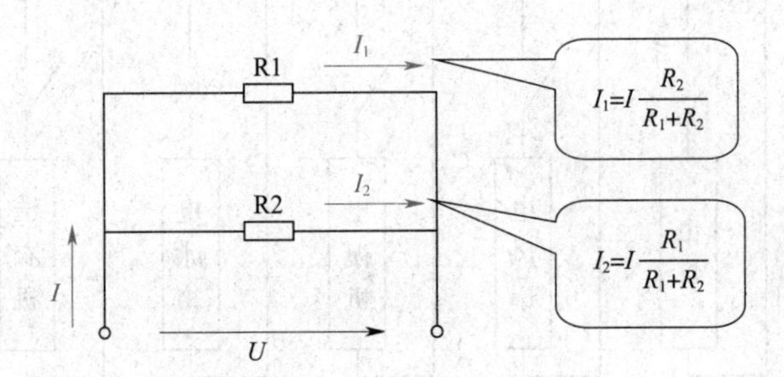

图 2–15　两个电阻并联的分流

四、电阻并联电路的应用

1. 凡是额定工作电压相同的负载都采用并联的工作方式，这样每个负载都是一个可独立控制的回路，任一负载的正常启动或关断都不影响其他负载的使用，如工厂中的电动机、电炉以及各种照明灯具。

2. 获得较小阻值的电阻。

3. 扩大电流表的量程。

小提示

1. n 个相同的电阻并联，总电阻是一个电阻的 $1/n$。

2. 若干个不同的电阻并联，总电阻小于其中最小的电阻。

五、电阻的混联

电路中元件既有串联又有并联的连接方式称为**混联**。对于电阻混联电路的计算，只需根据电阻串、并联的规律逐步求解即可，但对于某些较为复杂的电阻混联电路，一下子难以判别出各电阻之间的连接关系时，比较有效的方法就是画出等效电路图，

即把原电路整理成较为直观的串、并联关系的电路图，然后计算其等效电阻。

【例 2–3】 图 2–16a 所示电路中 $R_1 = R_2 = R_3 = 2\ \Omega$，$R_4 = R_5 = 4\ \Omega$，求 A、B 间的等效电阻 R_{AB}。

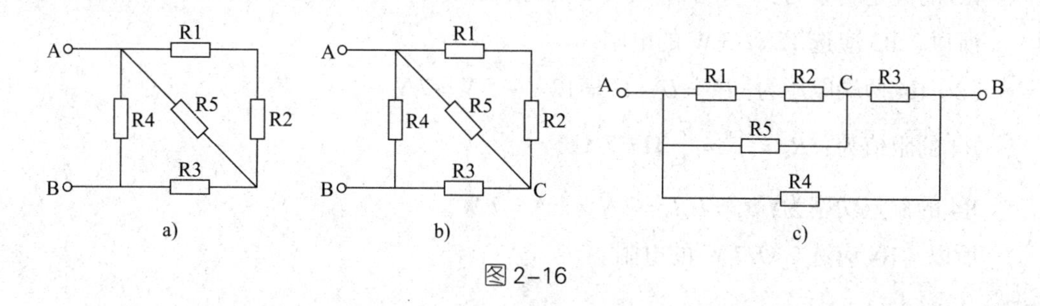

图 2–16

解：（1）为了便于看清各电阻之间的连接关系，在原电路中标出点 C，如图 2–16b 所示。

（2）将各点沿水平方向排列，并将 R1 ~ R5 依次填入相应的字母之间，R1 与 R2 串联在 A、C 之间，R3 在 B、C 之间，R4 在 A、B 之间，R5 在 A、C 之间，画出等效电路图，如图 2–16c 所示。

（3）由等效电路可求出 A、B 之间的等效电阻，即：

$$R_{12} = R_1 + R_2 = 2\ \Omega + 2\ \Omega = 4\ \Omega$$

$$R_{125} = \frac{R_{12} \times R_5}{R_{12} + R_5} = \frac{4 \times 4}{4 + 4}\ \Omega = 2\ \Omega$$

$$R_{1253} = R_{125} + R_3 = 2\ \Omega + 2\ \Omega = 4\ \Omega$$

$$R_{AB} = \frac{R_{1253} \times R_4}{R_{1253} + R_4} = \frac{4 \times 4}{4 + 4}\ \Omega = 2\ \Omega$$

以上介绍的等效变换方法，并不是求解等效电阻的唯一方法。其他常用的方法还有利用电流的流向及电流的分、合画出等效电路图，利用电路中各等电位点分析电路画出等效电路图等。但无论哪一种方法，都是将不易看清串、并联关系的电路，等效为可直接看出串、并联关系的电路，然后求出其等效电阻。

混联电路的功率关系是：电路中的总功率等于各电阻上的功率之和。这一规律同样适用于串联电路和并联电路。

【例 2–4】 灯泡 A 的额定电压 $U_1 = 6$ V，额定电流 $I_1 = 0.5$ A；灯泡 B 的额定电压 $U_2 = 5$ V，额定电流 $I_2 = 1$ A。电源电压 $U = 12$ V，如何接入电阻可使两个灯泡都能正常工作？

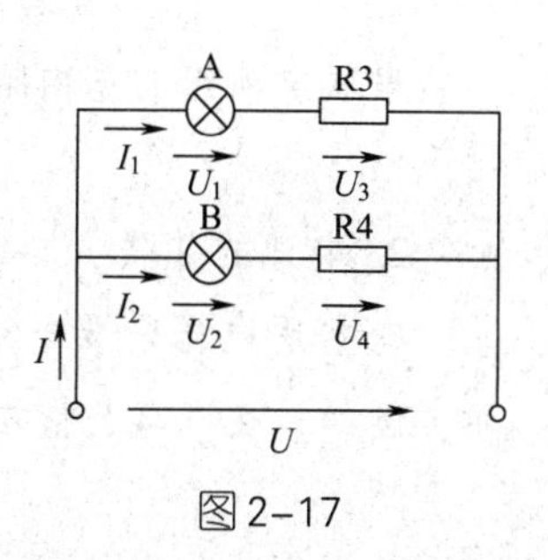

图 2–17

解：利用电阻串联的分压特点，将两个灯泡分别串上 R3 与 R4 再予以并联，然后接上电源，如图 2–17 所示。下面分别求出使两个灯泡正常工作时，R3 与 R4 的额定值。

（1）R3 两端电压为：$U_3 = U - U_1 = 12\ \text{V} - 6\ \text{V} = 6\ \text{V}$

R3 的阻值为：$R_3 = \dfrac{U_3}{I_1} = \dfrac{6}{0.5}\ \Omega = 12\ \Omega$

R3 的额定功率为：$P_3 = U_3 I_1 = 6\ \text{V} \times 0.5\ \text{A} = 3\ \text{W}$

所以，R3 应选 12 Ω/3 W 的电阻。

（2）R4 两端电压为：$U_4 = U - U_2 = 12\ \text{V} - 5\ \text{V} = 7\ \text{V}$

R4 的阻值为：$R_4 = \dfrac{U_4}{I_2} = \dfrac{7}{1}\ \Omega = 7\ \Omega$

R4 的额定功率为：$P_4 = U_4 I_2 = 7\ \text{V} \times 1\ \text{A} = 7\ \text{W}$

所以，R4 应选 7 Ω/7 W 的电阻。

知识拓展

电池的连接

1. 电池的串联

当用电器的额定电压高于单个电池的电动势时，可以将多个电池串联起来使用，称为串联电池组，如图 2–18 所示。例如，晶体管收音机、多节手电筒等采用的就是串联电池组供电。

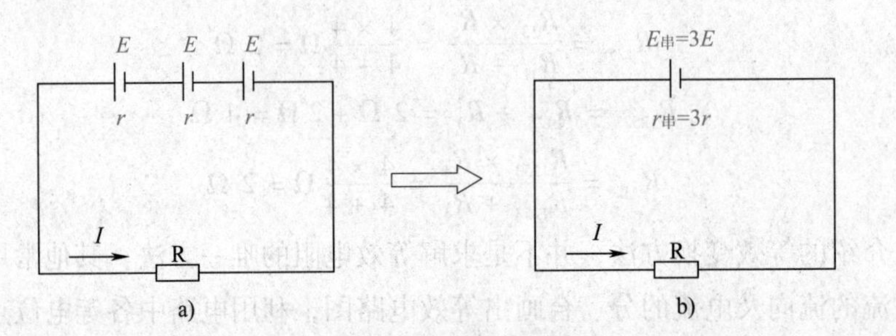

图 2–18　电池的串联

a）串联电池组　b）等效电路

设串联电池组是由 n 个电动势都是 E、内阻都是 r 的电池组成，则串联电池组的总电动势

$$E_{串} = nE$$

串联电池组的总内阻

$$R_{串} = nr$$

2. 电池的并联

有些用电器需要电池能输出较大的电流，这时可使用并联电池组，如图 2–19 所示。例如，在汽车、拖拉机上供起动用的蓄电池组就是采用这种连接方式。

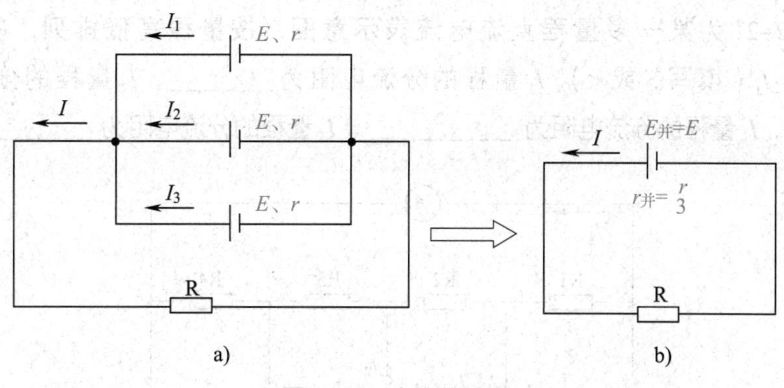

图 2-19 电池的并联

a）并联电池组 b）等效电路

设并联电池组是由 n 个电动势都是 E、内阻都是 r 的电池组成，则并联电池组的总电动势

$$E_{并} = E$$

并联电池组的总内阻

$$r_{并} = \frac{r}{n}$$

目前，在电动汽车中，大都采用由多节电池混联而成的电池组供电。

巩固练习

1. 一只 60 W/110 V 的灯泡若接在 220 V 电源上，需串联多大的降压电阻？

2. 图 2-20 为某一多量程直流电压表示意图，按量程高低排列，应为 U_4____ U_3____U_2____U_1（填写 > 或 <）。U_1 量程的分压电阻为________，U_2 量程的分压电阻为________，U_3 量程的分压电阻为________，U_4 量程的分压电阻为________。

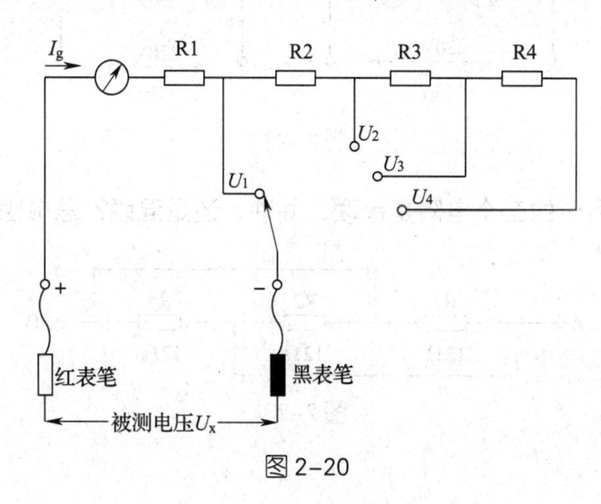

图 2-20

3. 图 2–21 为某一多量程直流电流表示意图，按量程高低排列，应为 I_4____ I_3____I_2____I_1（填写 > 或 <）。I_1 量程的分流电阻为________，I_2 量程的分流电阻为__________，I_3 量程的分流电阻为____________，I_4 量程的分流电阻为________________。

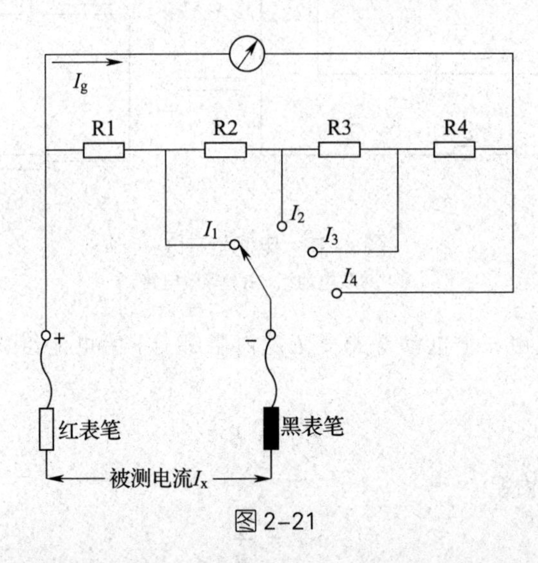

图 2–21

4. 为了保证电路测量的准确性，要求电流表的内阻应尽可能小、电压表的内阻应尽可能大，这是为什么？

5. 有两只 LED 节能灯，额定电压都是 220 V，A 灯的额定功率是 5 W，B 灯的额定功率是 10 W，把它们按如图 2–22 所示的两种方式连接后接入 220 V 的电压，发现图 a 中的 A 灯比 B 灯亮，图 b 中的 B 灯比 A 灯亮，这是为什么？

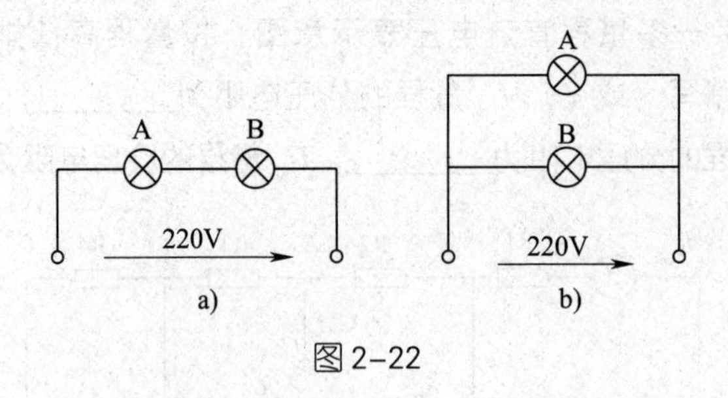

图 2–22

6. 如图 2–23 所示的三个电阻是串联、并联，还是混联？总电阻 R_{AB} 等于多少？

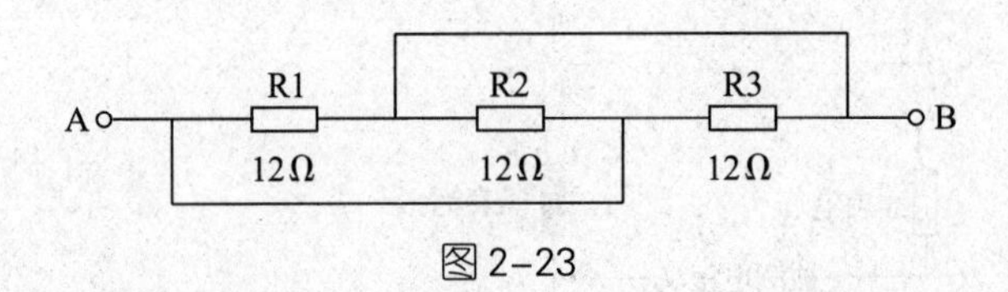

图 2–23

实验与实训 3　直流电阻电路故障的检查

一、实验目的

能用测电位、测电压和测电阻等方法检查直流电阻电路的故障。

二、实验设备

直流稳压电源 1 台，直流电压表（0 ~ 15 ~ 30 V）1 只，万用表 1 只，电阻 6 只。

三、实验步骤

1. 用直流电压表检查电阻串联电路

（1）按图 2–24 连接电路，接通 9 V 直流电源，测量各点电位和各段电压，数据记入表 2–1 中。

（2）断开任一电阻，重复上述测量，并记录数据。

（3）将电阻 R1 短接，重复上述测量，并记录数据。

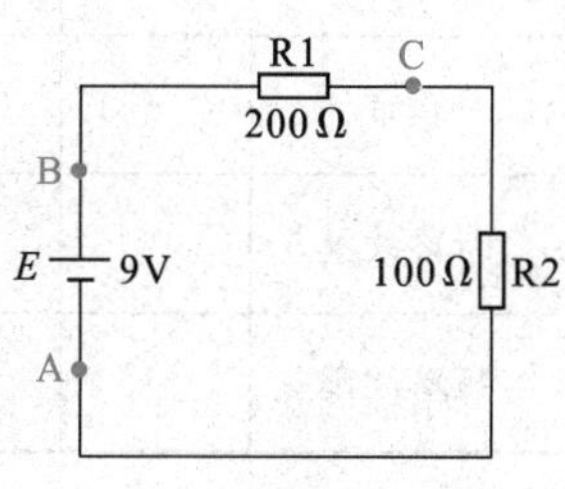

图 2–24　检查电阻串联电路故障

表 2–1　用直流电压表检查电阻串联电路

电路状态	以 A 点为参考点的电位值 /V			分段电压 /V		
	U_A	U_B	U_C	U_{AB}	U_{BC}	U_{CA}
正常						
断路故障						
短路故障						

2. 用直流电压表检查电阻混联电路

（1）按图 2–25 连接电路，接通 12 V 直流电源，测量各点电位和各段电压，数据记入表 2–2 中。

（2）断开并联支路中任一支路，重复上述测量，并记录数据。

（3）短接并联支路中任一支路，重复上述测量，并记录数据。

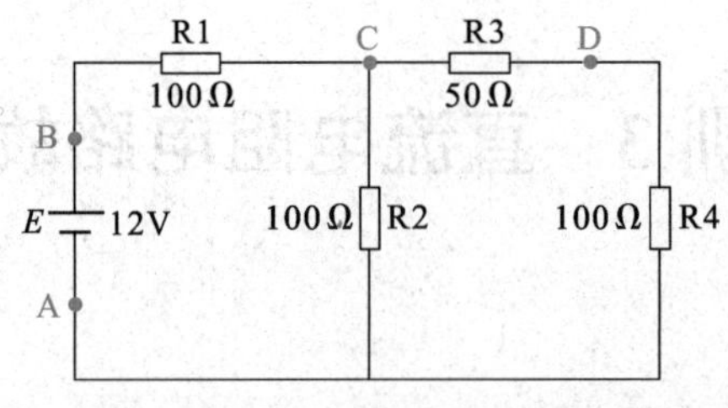

图 2-25　检查电阻混联电路故障

表 2-2　用直流电压表检查电阻混联电路

电路状态	以 A 点为参考点测电位值 /V				分段电压 /V				
	U_A	U_B	U_C	U_D	U_{AB}	U_{BC}	U_{CA}	U_{CD}	U_{DA}
正常									
断路故障									
短路故障									

3．用万用表检查电阻串联电路

断开图 2-24 实验电路电源，按表 2-3 所列三种情况用万用表分别测量总电阻和各段电阻，并记录数据。

表 2-3　用万用表检查电阻串联电路

电路状态	正常	C 处断开	R1 短路
	R1 200Ω C B R2 100Ω A	R1 200Ω C B R2 100Ω A	R1 200Ω C B R2 100Ω A
R_{AB}/Ω			
R_{BC}/Ω			
R_{CA}/Ω			

§2-3 直流电桥

学习目标

1. 掌握直流电桥的平衡条件和用直流电桥测量电阻的方法。
2. 了解不平衡直流电桥的应用。
3. 能用直流电桥正确测量电阻。

一、直流电桥的平衡条件及其应用

电桥是测量技术中常用的一种电路形式。本节只介绍直流电桥，如图 2-26 所示。图中的四个电阻都称为桥臂，R_x 是待测电阻。B、D 间接入检流计 G。

调整 R1、R2、R 三个已知电阻，直至检流计读数为零，这时称为电桥平衡。电桥平衡时 B、D 两点电位相等，即

$$U_{AD}=U_{AB} \qquad U_{DC}=U_{BC}$$

因此
$$R_1I_1=R_xI_2 \quad R_2I_1=RI_2$$

可得
$$R_1R=R_2R_x$$

上式说明电桥的平衡条件是：电桥对臂电阻的乘积相等。利用直流电桥平衡条件可求出待测电阻 R_x 的电阻值，即 $R_x=\frac{R_1}{R_2}R$。

图 2-27 所示为直流电桥实物图。

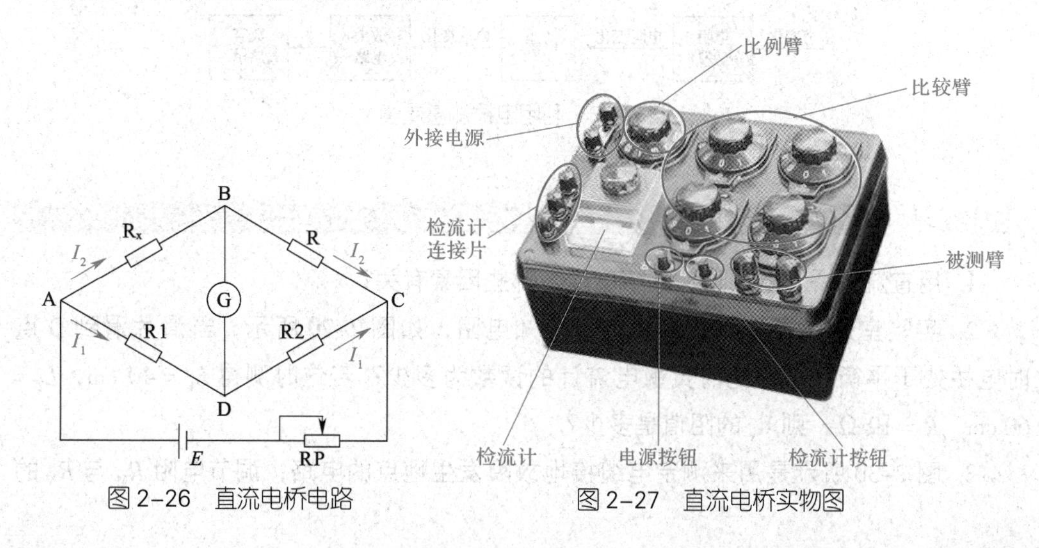

图 2-26 直流电桥电路

图 2-27 直流电桥实物图

为了测量简便，R_1 与 R_2 之比常设为整十倍关系，通过比例臂调节。比较臂用于调整 R 的数值，采用多位十进制电阻箱，并且选用精度较高的标准电阻，使测量结果可以有多位有效数字，测得的结果比较准确。

二、不平衡直流电桥的应用

电桥的另一种用法是：当 R_x 为某一定值时将电桥调至平衡，使检流计指零。当 R_x 有微小变化时，电桥失去平衡，根据检流计的指示值及其与 R_x 间的对应关系间接测知 R_x 的变化情况。同时它还可将 R_x 的变化转换成电压的变化，这在测量和控制技术中有着广泛的应用。

1. 利用电桥测量温度

把热敏电阻置于被测点，当温度变化时，电阻值也随之改变，用电桥测出电阻值的变化量，即可间接得知温度的变化量。

2. 利用电桥测量质量

把电阻应变片紧贴在承重的部位，当受到力的作用时，电阻应变片的电阻就会发生变化，通过电桥电路可以把电阻的变化量转换成电压的变化量，经过电压放大器放大和处理后，最后显示出物体的质量（图 2-28）。

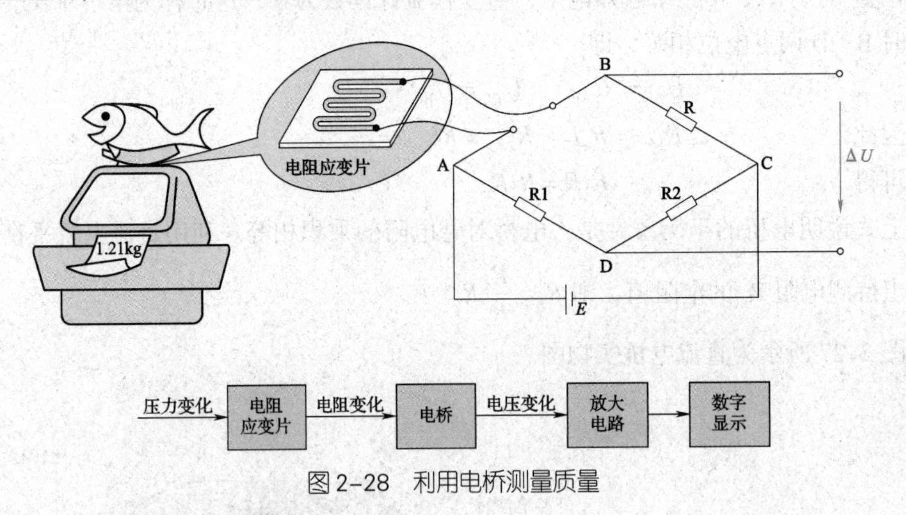

图 2-28　利用电桥测量质量

巩固练习

1. 用直流电桥测量电阻，其精确度与哪些因素有关？

2. 实验室通常用滑线式电桥测量未知电阻，如图 2-29 所示，当滑片滑到 D 点时电桥处于平衡状态，此时灵敏电流计的读数为多少？若这时测得 L_1 = 40 cm，L_2 = 60 cm，R = 10 Ω，则 R_x 的阻值是多少？

3. 图 2-30 所示是用来测定电缆接地故障发生地点的电路，调节电阻 R_M 与 R_N 的大小，当 $R_M/R_N = 1.5$ 时，电桥平衡。测定故障点时，在靠近电源端取一处（在两根电缆上分别记为 A、C 点），在远离电源端取另一处（在两根电缆上分别记为 B、D 点），将 B 处平行的两根电缆线人为地短接（用导线连接 B、D），如果 A 与 B 之间（即 C 与 D 之间）的距离 $L = 5$ km，求故障地点 P 距 A 处多远。（短接用的导线电阻可忽略不计）

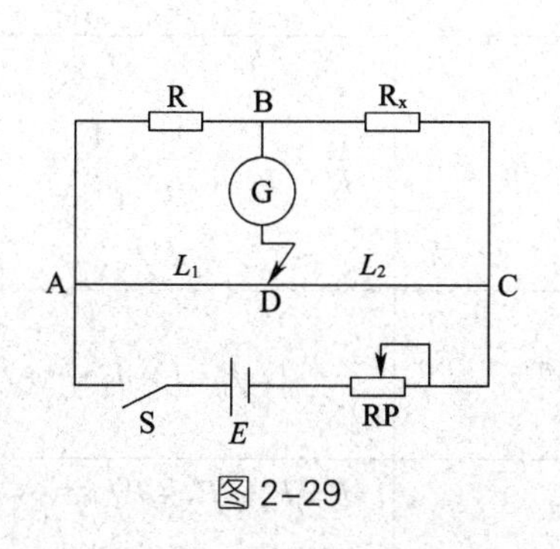

图 2–29

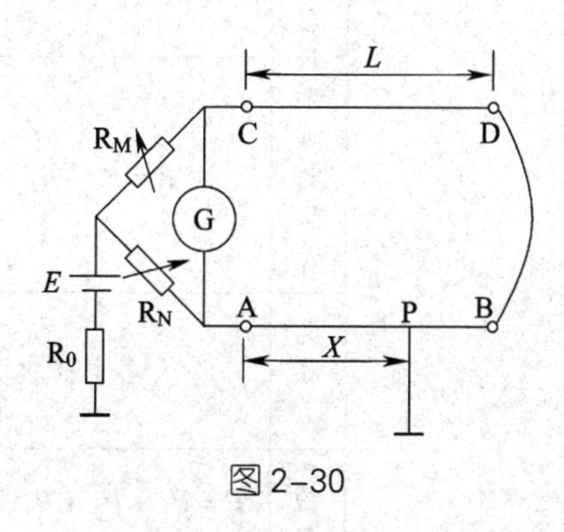

图 2–30

本章小结

1. 部分电路欧姆定律：导体中的电流与导体两端的电压成正比，与导体的电阻成反比，其表达式为 $I = \frac{U}{R}$。

2. 全电路欧姆定律：闭合回路中的电流与电源的电动势成正比，与电路中内电阻和外电阻之和成反比，其表达式为 $I = \frac{E}{R + r}$。

3. 电源产生的电功率等于负载消耗的电功率与电源内电阻消耗的电功率之和。

4. 电路在三种状态下各物理量间的关系见表 2–4。

表 2–4 电路在三种状态下各物理量间的关系

电路状态	电流	端电压	电源总功率	负载消耗功率	内阻消耗功率
断路	$I = 0$	$U = E$	$P_E = 0$	$P_R = 0$	$P_r = 0$
通路	$I = \frac{E}{R + r}$	$U = E - Ir$	$P_E = EI$	$P_R = UI$	$P_r = I^2r$
短路	$I = \frac{E}{r}$	$U = 0$	$P_E = I^2r$	$P_R = 0$	$P_r = I^2r$

5. 串、并联电路的特点见表 2–5。

表 2–5　串、并联电路的特点

		串　联	并　联
多个电阻	电压 U	$U=U_1+U_2+U_3+\cdots+U_n$	各电阻上电压相同
多个电阻	等效电阻 R	$R=R_1+R_2+R_3+\cdots+R_n$	$\frac{1}{R}=\frac{1}{R_1}+\frac{1}{R_2}+\frac{1}{R_3}+\cdots+\frac{1}{R_n}$
多个电阻	电流 I	各电阻中电流相同	$I=I_1+I_2+I_3+\cdots+I_n$
多个电阻	功率 P	$P=P_1+P_2+P_3+\cdots+P_n$ $=I^2R_1+I^2R_2+I^2R_3+\cdots+I^2R_n$	$P=P_1+P_2+P_3+\cdots+P_n$ $=\frac{U^2}{R_1}+\frac{U^2}{R_2}+\frac{U^2}{R_3}+\cdots+\frac{U^2}{R_n}$
两个电阻	等效电阻 R	$R=R_1+R_2$	$R=\frac{R_1R_2}{R_1+R_2}$
两个电阻	分压、分流公式	$\begin{cases}U_1=\frac{UR_1}{R_1+R_2}\\U_2=\frac{UR_2}{R_1+R_2}\end{cases}$	$\begin{cases}I_1=\frac{IR_2}{R_1+R_2}\\I_2=\frac{IR_1}{R_1+R_2}\end{cases}$

6. 直流电桥平衡的条件为：相对桥臂上的电阻乘积相等。

第三章
复杂直流电路的分析

§3-1 基尔霍夫定律

学习目标

1. 了解复杂电路和简单电路的区别，了解复杂电路的基本术语。
2. 掌握基尔霍夫第一定律的内容，并了解其应用。
3. 掌握基尔霍夫第二定律的内容，并了解其应用。

一、复杂电路的基本概念

图 3–1 所示电路只有 3 个电阻、2 个电源，似乎很简单，可是试一试，能用电阻串、并联化简，并用欧姆定律求解吗？显然不能。如果要计算不平衡的直流电桥，也会遇到同样的困难。

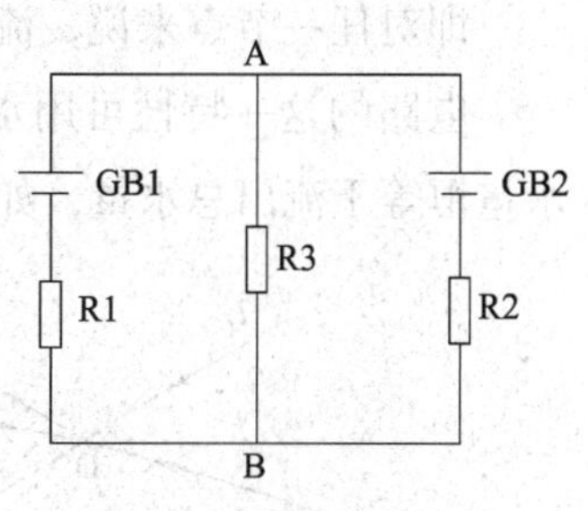

图 3–1　复杂电路示例

不能用电阻串、并联化简求解的电路称为复杂电路。

分析复杂电路要应用基尔霍夫定律，为了阐明该定律的含义，先介绍有关的基本术语。

节点　3 条或 3 条以上连接有电气元件的导线的连接点称为节点。图 3–1 所示电路中有 A、B 两个节点。

支路　电路中相邻节点间的分支称为支路。它由一个或几个相互串联的电气元件所构成，且每条支路中除了两个端点外不再有其他节点。图 3–1 所示电路中有 3 条支路，即 GB1、R1 支路，R3 支路，GB2、R2 支路。其中含有电源的支路称为有源支路，不含电源的支路称为无源支路。

回路和网孔　电路中任一闭合路径都称为回路。一个回路可能只含一条支路，也可能包含几条支路。其中，在电路图中不被其他支路所分割的最简单的回路又称独立回路或网孔。图 3–1 所示电路中有 3 个回路、2 个网孔。

小提示

网孔一定是回路，但回路不一定是网孔。

想一想

图 3-2 所示电路中有几条支路？几个节点？几个回路？几个网孔？

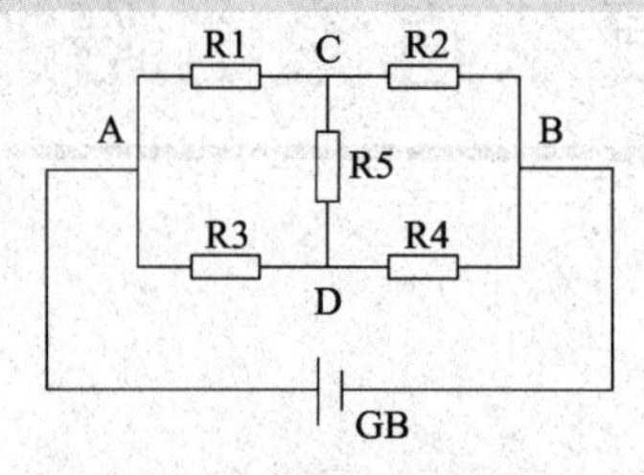

图 3-2　复杂电路示例

二、基尔霍夫第一定律

基尔霍夫第一定律又称节点电流定律。它指出：在任一瞬间，流进某一节点的电流之和恒等于流出该节点的电流之和，即

$$\sum I_{进} = \sum I_{出}$$

如图 3-3a 所示，对于节点 O 有

$$I_1 + I_2 = I_3 + I_4 + I_5$$

可将上式改写成

$$I_1 + I_2 - I_3 - I_4 - I_5 = 0$$

因此得到

$$\sum I = 0$$

即对任一节点来说，流入和流出该节点各支路电流的代数和恒等于零。

电路的这一特性可用水流的流入、流出类比，即对于水流中的某一节点，流入总水量恒等于流出总水量，如图 3-3b 所示。

图 3-3　基尔霍夫第一定律

a）流入总电流 = 流出总电流　b）流入总水量 = 流出总水量

小提示

在应用基尔霍夫第一定律求解未知电流时，可先任意假设支路电流的参考方向，列出节点电流方程。通常可将流进节点的电流取正，流出节点的电流取负，再根据计算值的正负来确定未知电流的实际方向。有些支路的电流可能是负的，这是由于所假设的电流方向与实际方向相反。

【例 3–1】 图 3–4 所示电路中，$I_1=2\,A$，$I_2=-3\,A$，$I_3=-2\,A$，求电流 I_4。

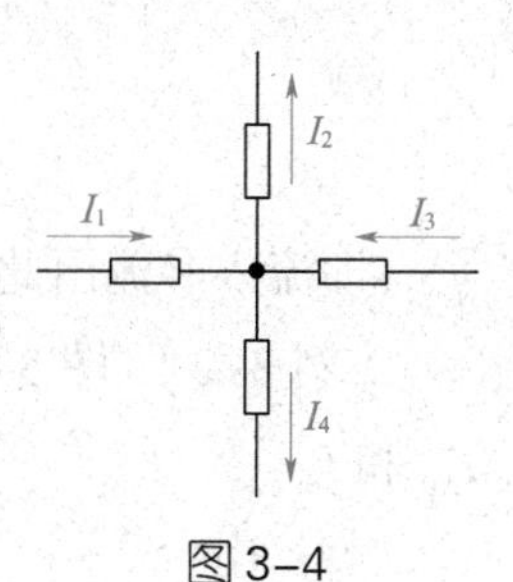

图 3–4

解：由基尔霍夫第一定律可知

$$I_1-I_2+I_3-I_4=0$$

代入已知值

$$2\,A-(-3\,A)+(-2\,A)-I_4=0$$

可得

$$I_4=3\,A$$

式中括号外正负号是由基尔霍夫第一定律根据电流的参考方向确定的，括号内数字前的负号则是表示实际电流方向和参考方向相反。

【例 3–2】 电路如图 3–5 所示，求电流 I_3。

解：对 A 节点

$$I_1-I_2-I_3=0$$

因为 $I_1=I_2$，所以 $I_3=0$。

同理，对 B 节点

$$I_4-I_5+I_3=0$$

因为 $I_4=I_5$，也得 $I_3=0$。

由此可知，没有构成回路的单支路电流为零。

基尔霍夫第一定律可以推广应用于任一假设的闭合面（广义节点）。例如，图 3–6 所示电路中闭合面所包围的是一个三角形电路，它有 3 个节点。应用基尔霍夫第一定律可以列出：

$$I_A=I_{AB}-I_{CA}$$
$$I_B=I_{BC}-I_{AB}$$
$$I_C=I_{CA}-I_{BC}$$

上面三式相加得

$$I_A+I_B+I_C=0$$

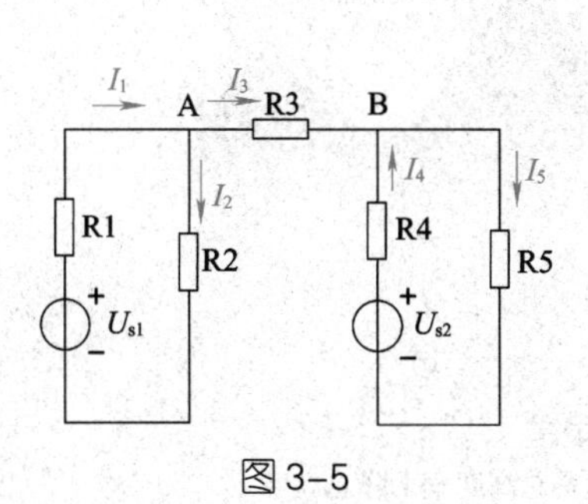

图 3–5

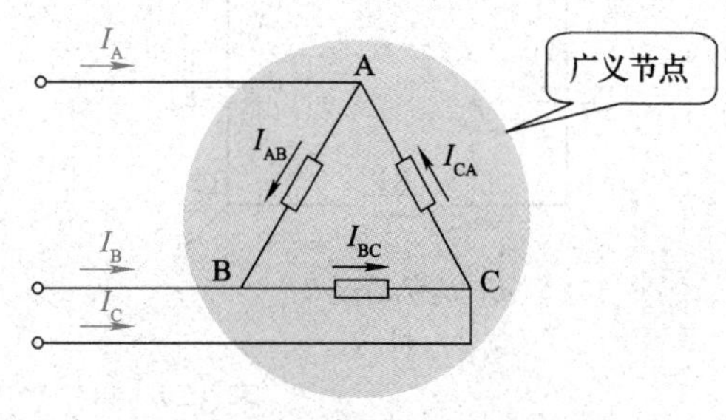

图 3–6 广义节点

或

$$\sum I=0$$

即流入和流出此闭合面的电流的代数和恒等于零。

【例 3–3】 图 3–6 所示电路中，若电流 $I_A = 1$ A，$I_B = -5$ A，$I_{CA} = 2$ A，求电流 I_C、I_{AB} 和 I_{BC}。

解：由

$$I_A + I_B + I_C = 0$$

可得

$$I_C = 4\ \text{A}$$

$$I_{AB} = I_A + I_{CA} = 1\ \text{A} + 2\ \text{A} = 3\ \text{A}$$

$$I_{BC} = I_{CA} - I_C = 2\ \text{A} - 4\ \text{A} = -2\ \text{A}$$

三、基尔霍夫第二定律

基尔霍夫第二定律又称回路电压定律。它指出：在任一回路中，各段电路电压降的代数和恒等于零，用公式表示为：

$$\sum U = 0$$

在图 3–7a 所示电路中，按虚线方向循环一周，根据电压与电流的参考方向可列出：

$$U_{AB} + U_{BC} + U_{CD} + U_{DA} = 0$$

即

$$-E_1 + I_1R_1 - E_2 + I_2R_2 = 0$$

或

$$E_1 + E_2 = I_1R_1 + I_2R_2$$

由此，可得到基尔霍夫第二定律的另一种表示形式：

$$\sum E = \sum IR$$

即在任一回路循环方向上，回路中电动势的代数和恒等于电阻上电压降的代数和。

这类似于人们登山，起止点在同一水平线上时，攀登的总高度与下降的总高度是恒等的（图 3–7b）。

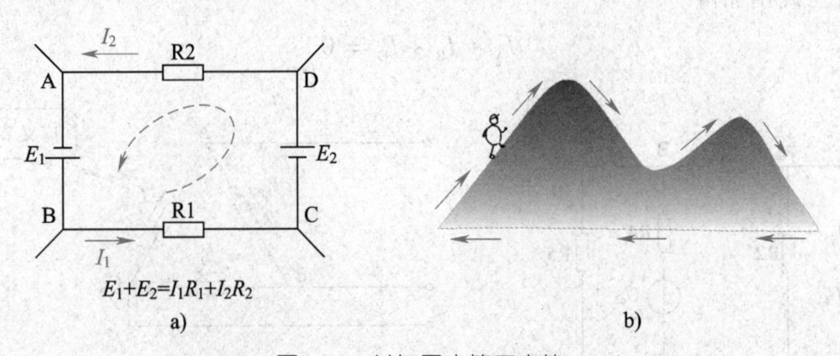

图 3–7　基尔霍夫第二定律

a）电源电动势之和 = 电阻电压降之和　b）攀登总高度 = 下降总高度

小提示

在用式$\sum U=0$时，凡电流的参考方向与回路循环方向一致者，该电流在电阻上所产生的电压降取正，反之取负。电动势也作为电压来处理，即从电源的正极到负极电压取正，反之取负。

在用式$\sum E=\sum IR$时，电阻上电压的规定与用式$\sum U=0$时相同，而电动势的正负号则恰好相反，也就是当循环方向与电动势的方向（即由电源负极通过电源内部指向正极）一致时，该电动势取正，反之取负。

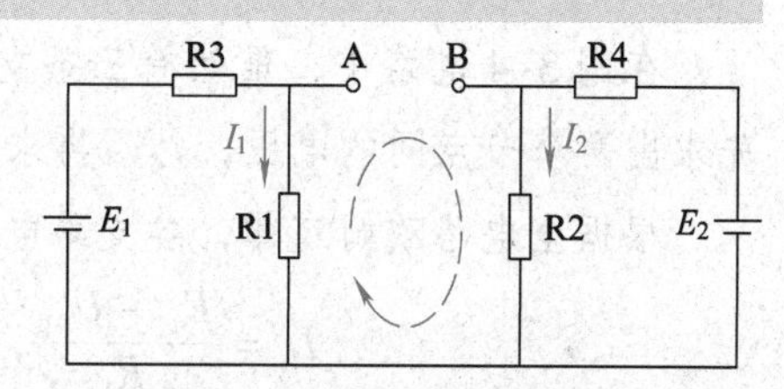

图 3–8 基尔霍夫第二定律应用于假想回路

基尔霍夫第二定律也可以推广应用于不完全由实际元件构成的假想回路。例如，图 3–8 所示电路中，A、B 两点并不闭合，但仍可将 A、B 两点间电压列入回路电压方程，可得

$$\sum U = U_{AB} + I_2R_2 - I_1R_1 = 0$$

四、支路电流法

【例 3–4】 图 3–9 所示电路中，$E_1=18$ V，$E_2=9$ V，$R_1=R_2=1\ \Omega$，$R_3=4\ \Omega$，求各支路电流。

解：（1）标出各支路电流参考方向和独立回路的循环方向，应用基尔霍夫第一定律列出节点电流方程

$$I_1 + I_2 = I_3$$

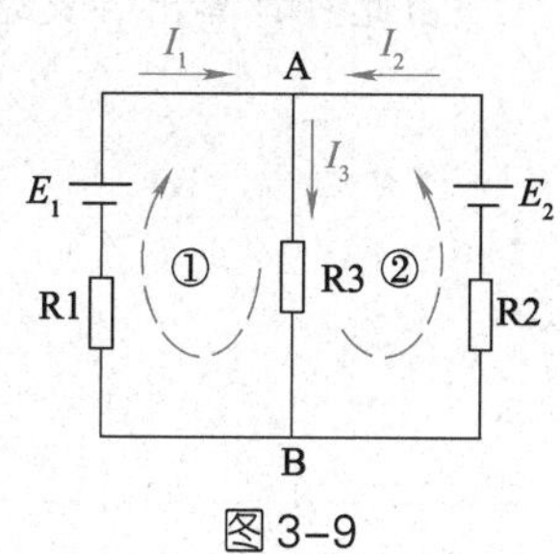

图 3–9

（2）应用基尔霍夫第二定律列出回路电压方程

对于回路 1 有 $E_1 = I_1R_1 + I_3R_3$

对于回路 2 有 $E_2 = I_2R_2 + I_3R_3$

整理得联立方程

$$\begin{cases} I_2 = I_3 - I_1 \\ 1\ \Omega \cdot I_1 + 4\ \Omega \cdot I_3 = 18\ \text{V} \\ 1\ \Omega \cdot I_2 + 4\ \Omega \cdot I_3 = 9\ \text{V} \end{cases}$$

（3）解联立方程得

$$\begin{cases} I_1 = 6\ \text{A} \\ I_2 = -3\ \text{A} \\ I_3 = 3\ \text{A} \end{cases}$$

这种以支路电流为未知量，依据基尔霍夫定律列出节点电流方程和回路电压方程，然后联立求解的方法称为**支路电流法**。如果电路有 m 条支路、n 个节点，即可列出（n–1）个独立节点电流方程和［m–（n–1）］个独立回路电压方程。

小提示

支路电流参考方向和独立回路循环方向可以任意假设，绕行方向一般取与电动势方向一致，对具有两个以上电动势的回路，则取较大电动势的方向为循环方向。

知识拓展

节点电压法

在例 3–4 电路中，虽然有三条支路，但只有两个节点，求解这一类电路时，可以先求出两个节点间的电压，然后再求各支路电流。

根据全电路欧姆定律，各支路电流分别为

$$I_1 = \frac{E_1 - U_{AB}}{R_1},\quad I_2 = \frac{E_2 - U_{AB}}{R_2},\quad I_3 = \frac{U_{AB}}{R_3}$$

根据基尔霍夫第一定律，有

$$I_1 + I_2 = I_3$$

$$\frac{E_1 - U_{AB}}{R_1} + \frac{E_2 - U_{AB}}{R_2} = \frac{U_{AB}}{R_3}$$

$$\frac{18\ \text{V} - U_{AB}}{1\ \Omega} + \frac{9\ \text{V} - U_{AB}}{1\ \Omega} = \frac{U_{AB}}{4\ \Omega}$$

可得

$$U_{AB} = 12\ \text{V}$$

由此可计算出各支路电流

$$I_1 = \frac{E_1 - U_{AB}}{R_1} = \frac{18\ \text{V} - 12\ \text{V}}{1\ \Omega} = 6\ \text{A}$$

$$I_2 = \frac{E_2 - U_{AB}}{R_2} = \frac{9\ \text{V} - 12\ \text{V}}{1\ \Omega} = -3\ \text{A}$$

$$I_3 = \frac{U_{AB}}{R_3} = \frac{12\ \text{V}}{4\ \Omega} = 3\ \text{A}$$

巩固练习

1. 在图 3–10 所示电路中，支路、节点、回路和网孔数各为多少？

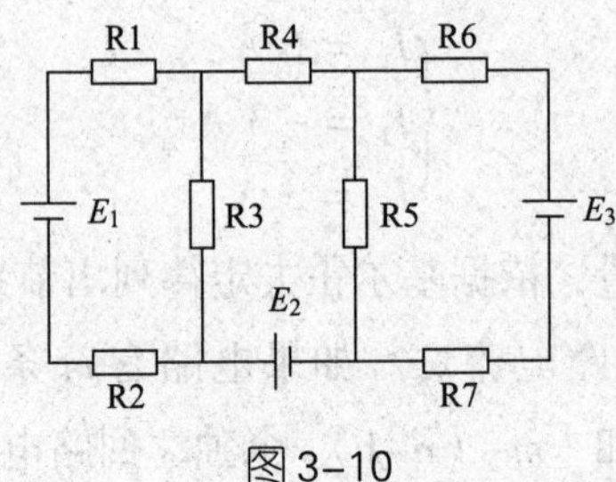

图3–10

2. 一条线路通过大地构成回路，如图 3–11 所示，流进大地的电流 I 和从大地流回电源的电流 I' 是否相等？为什么？

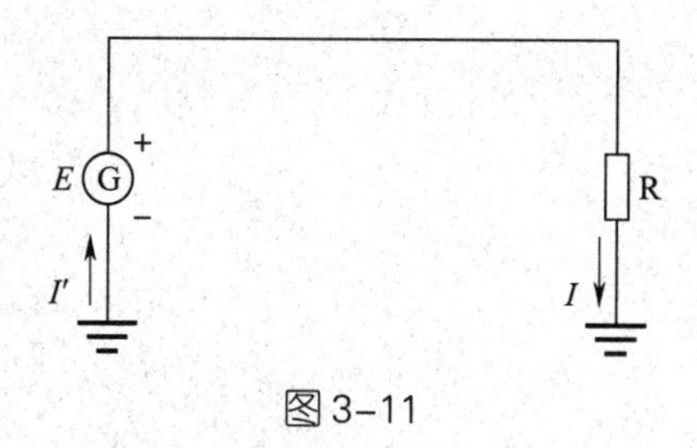

图 3–11

3. 在图 3–12 中，$E_1 = 1.5$ V，$E_2 = 3$ V，$R_1 = 75$ Ω，$R_2 = 12$ Ω，$R_3 = 100$ Ω。分别求出 R1、R2、R3 中电流的大小和方向。

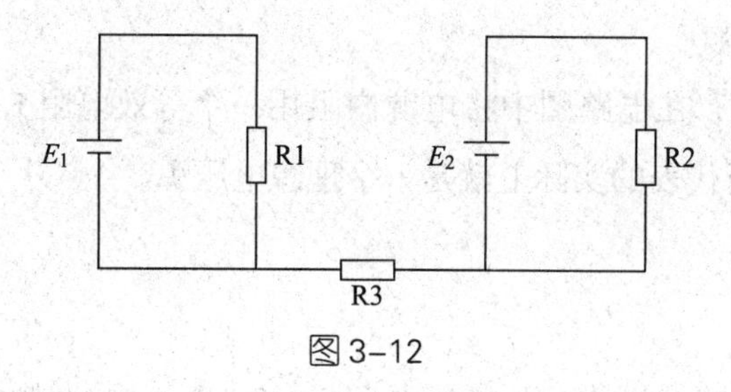

图 3–12

§ 3–2 电压源与电流源的等效变换

学习目标

1. 理解电压源和电流源的特点。
2. 能正确进行电压源和电流源之间的等效变换。

一、电压源

电源接上负载后，输出电压（端电压）的大小为 $U = E-Ir$，在输出相同电流的条件下，电源内阻 r 越小，输出电压越大。若电源内阻 $r = 0$，则输出电压 $U = E$，而与输出电流的大小无关。通常把内阻为零的电源称为理想电压源，又称恒压源，其符号如图 3–13

所示。理想电压源在实际中并不存在，电源都会有一定的内阻，在分析电路时，可以把一个实际电源用一个恒压源和内阻串联表示，称为电压源模型，简称电压源（图 3–14）。

图 3–13　理想电压源（恒压源）　　图 3–14　电压源模型

大多数实际电源，如发电机、蓄电池、大型电网及实验室常用的直流稳压电源等，都比较接近理想电压源。

在前面的学习中，在电路图中将电源内阻用一个等效电阻 r 单独表示，仅表示电动势的电源符号所代表的实际上就是一个理想电压源。

二、电流源

图 3–15 所示电路中，使用一个内阻为 12 kΩ、电动势为 12 V 的蓄电池为负载供电，如果负载电阻 R_L 的阻值在 0 ~ 50 Ω 之间变化，则电源输出的电流 $I = \frac{12}{12\ 000 + R_L}$ A 的变化范围为 0.995 9 ~ 1.000 0 mA。

由以上计算结果可知，当低电阻的负载在一定范围内变化时，具有高内阻的电源输出的电流变化很小，电源内阻越趋近于无穷大，输出的电流越接近于恒定。通常把内阻无穷大的电源称为理想电流源，又称恒流源，其符号如图 3–16 所示。

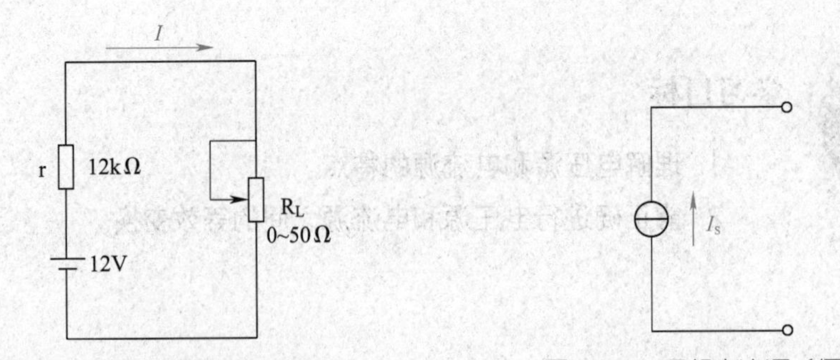

图 3–15　大内阻电源供电电路　　图 3–16　理想电流源（恒流源）

实际中理想电流源并不存在，在分析电路时，可以把一个实际电源用一个恒流源和内阻并联表示，称为电流源模型（图 3–17），简称电流源。图 3–17 中，输出电流 I_S 在内阻上的分流为 I_0，在负载 R_L 上的分流为 I_L。

硅光电池（图 3-18）和一些电子器件（如晶体三极管）具有恒流特性，比较接近理想电流源。

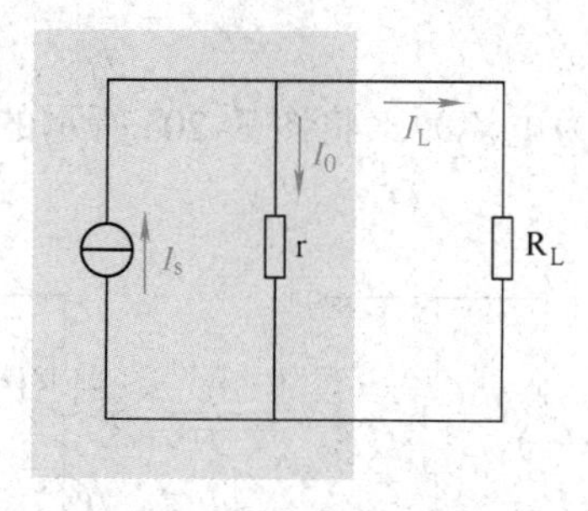

图 3-17 电流源模型

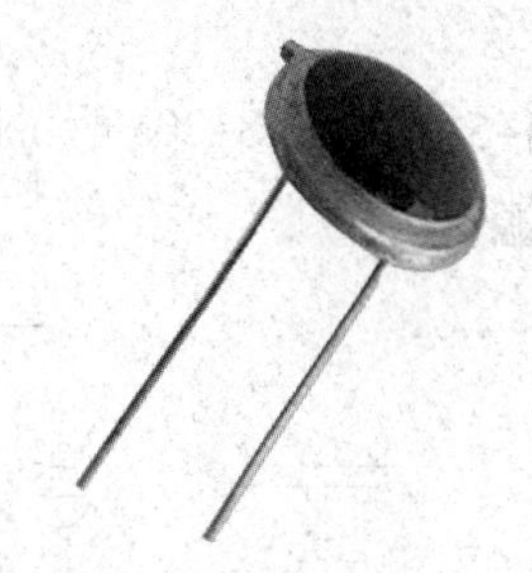

图 3-18 硅光电池

三、电压源与电流源的等效变换

电路中的电源既提供电压，也提供电流。一个实际电源既可以用电压源表示，也可以用电流源表示。为了分析电路方便，按照一定的规则，电压源和电流源之间可以进行等效变换。

如图 3-19 所示，同一电源的两种电源模型应对外等效，那么它们对相同的电阻 R_L 应产生相同的作用效果，即负载电阻应得到相同的电压 U 和电流 I_L，并且电源的内阻 r 也应相等。

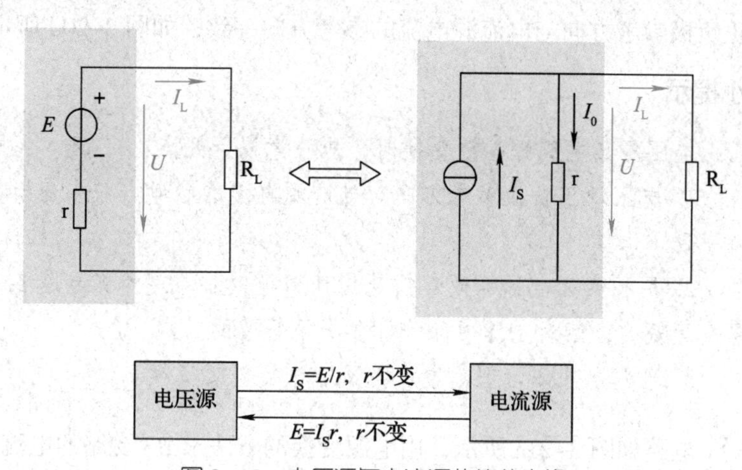

图 3-19 电压源与电流源的等效变换

在电压源模型中

$$E = I_L r + U$$

在电流源模型中

$$I_S = I_L + \frac{U}{r}$$

即

$$I_S r = I_L r + U$$

比较上面两式，可得两种模型间的参数关系为

$$E = I_s r$$

即
$$I_s = \frac{E}{r}$$

【例 3–5】将图 3–20a 所示的电压源转换为电流源，将图 3–20c 所示的电流源转换为电压源。

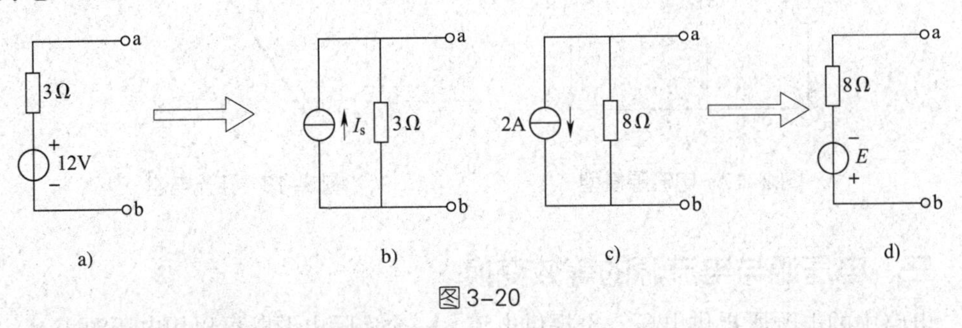

图 3–20

解：（1）将电压源转换为电流源

$$I_s = \frac{E}{r} = \frac{12}{3}\ \text{A} = 4\ \text{A} \qquad \text{内阻不变}$$

电流源电流的参考方向与电压源正负极参考方向一致，如图 3–20b 所示。

（2）将电流源转换为电压源

$$E = I_s r = 2 \times 8\ \text{V} = 16\ \text{V} \qquad \text{内阻不变}$$

电压源正负极参考方向与电流源电流的参考方向一致，如图 3–20d 所示。

小提示

电压源与电流源等效变换时，应注意以下几点：

1. 电压源正负极参考方向与电流源电流的参考方向在变换前后应保持一致。

2. 两种实际电源等效变换是指外部等效，即对外部电路各部分的计算是等效的，但对电源内部的计算是不等效的。

3. 理想电压源与理想电流源不能进行等效变换。

【例 3–6】电路如图 3–21a 所示，用电源变换的方法求 R3 支路的电流。

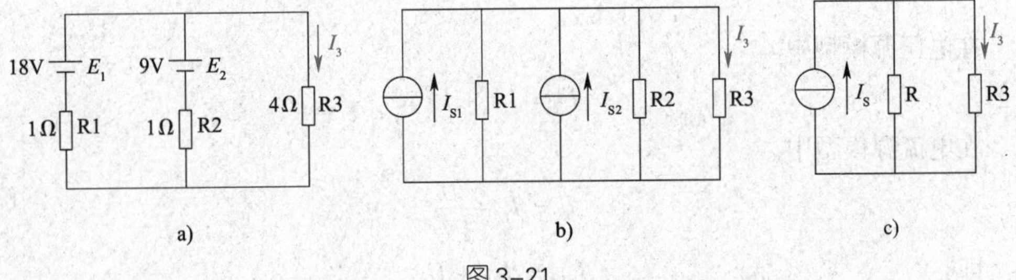

图 3–21

解:（1）将两个电压源分别等效变换成电流源（图 3-21b），这两个电流源的内阻仍为 R_1、R_2，两等效电流则分别为

$$I_{S1} = \frac{E_1}{R_1} = \frac{18}{1}\text{ A} = 18\text{ A} \quad I_{S2} = \frac{E_2}{R_2} = \frac{9}{1}\text{ A} = 9\text{ A}$$

（2）将两个电流源合并成一个电流源（图 3-21c）。其等效电流和内阻分别为

$$I_S = I_{S1} + I_{S2} = 27\text{ A} \quad R = R_1 /\!/ R_2 = 0.5\ \Omega$$

（3）最后可求得 R3 上电流为

$$I_3 = \frac{R}{R_3 + R}I_S = \frac{0.5}{4 + 0.5} \times 27\text{ A} = 3\text{ A}$$

知识拓展

受 控 源

前面所讨论的电源都是独立电源，简称独立源，独立源所提供的电压或电流都是由电源本身决定的，与电源之外的其他电路无关，而受控源的电压或电流则要受其他电路电压或电流的控制。为了与独立源相区别，受控源的图形符号用菱形表示，如图 3-22 所示。

受控源是一种四端元件，一对是输入端，另一对是输出端，输出受输入的控制。因此，输入量称为控制量，输出量称为受控量。根据控制量是电压还是电流，受控源是电压源还是电流源，受控源可分为四种类型：电压控制电压源（VCVS）；电压控制电流源（VCCS）；电流控制电压源（CCVS）；电流控制电流源（CCCS）。

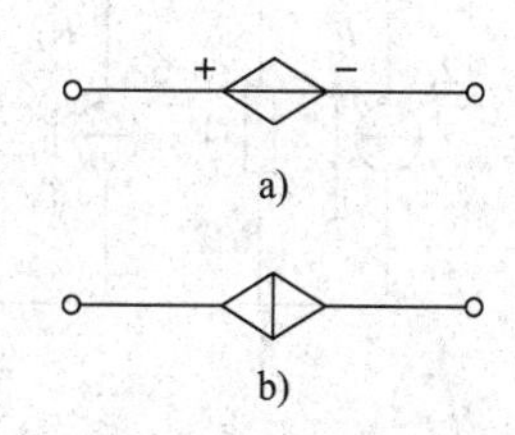

图 3-22 受控源的图形符号
a）受控电压源 b）受控电流源

在电子技术中，常利用晶体三极管构成放大电路，实现对电流信号的放大，如图 3-23a 所示，电路中输入电流和输出电流的关系为 $i_c = \beta i_b$，其中 β 称为电流放大倍数。在这里，晶体三极管就可以看作一个受控源，如图 3-23b 所示，它是一种典型的电流控制电流源。

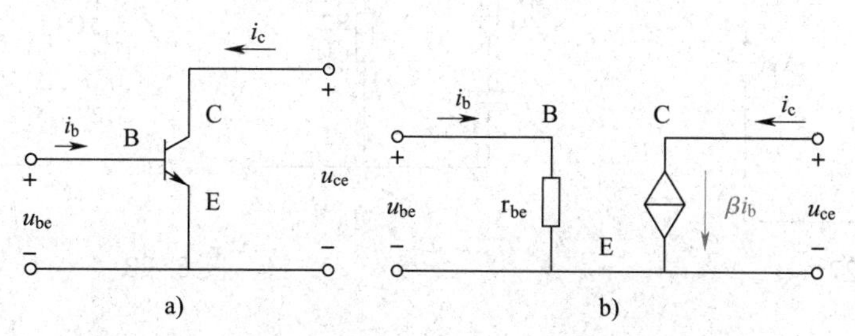

图 3-23 晶体三极管放大电路及其等效的受控源模型
a）晶体三极管放大电路 b）等效受控源模型

巩固练习

1. 两个电压源如图 3–24 所示，画出它们的等效电压源。

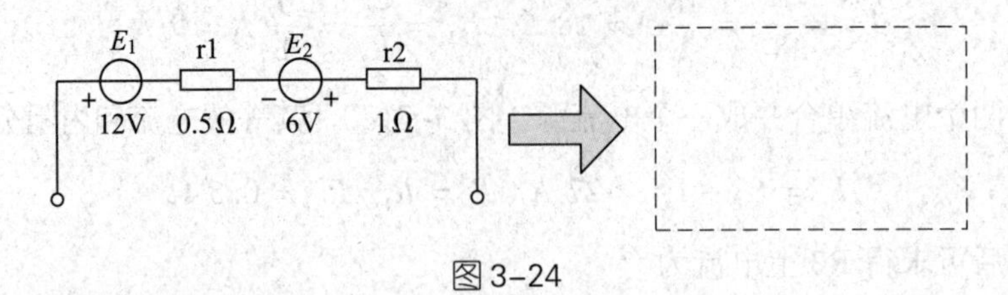

图 3–24

等效电压源的电动势为：E = ________；

等效电压源的内阻为：r = ________。

2. 两个电流源如图 3–25 所示，画出它们的等效电流源。

等效电流源的恒定电流为：I_S = ________；

等效电流源的内阻为：r = ________。

3. 将图 3–26 所示电压源等效变换为电流源。

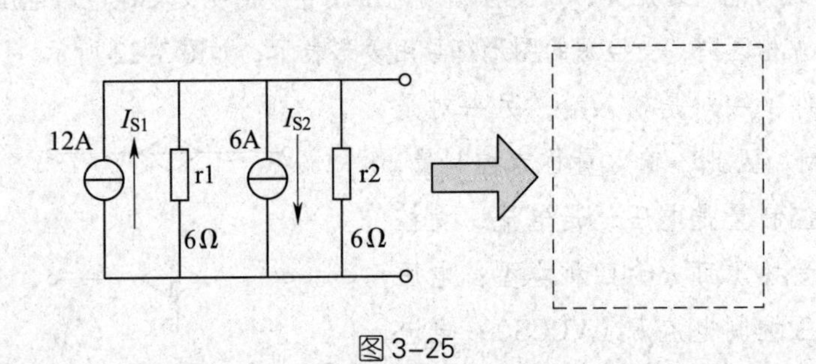

图 3–25

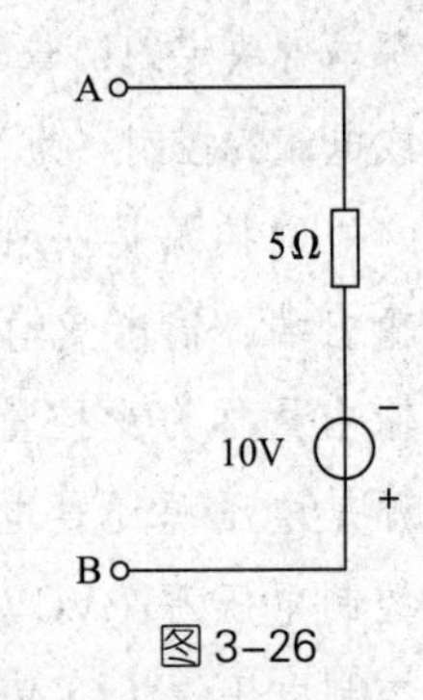

图 3–26

4. 将图 3–27 所示电流源等效变换为电压源。

5. 应用电源等效变换方法将图 3–28 所示电路变换为等效电压源。

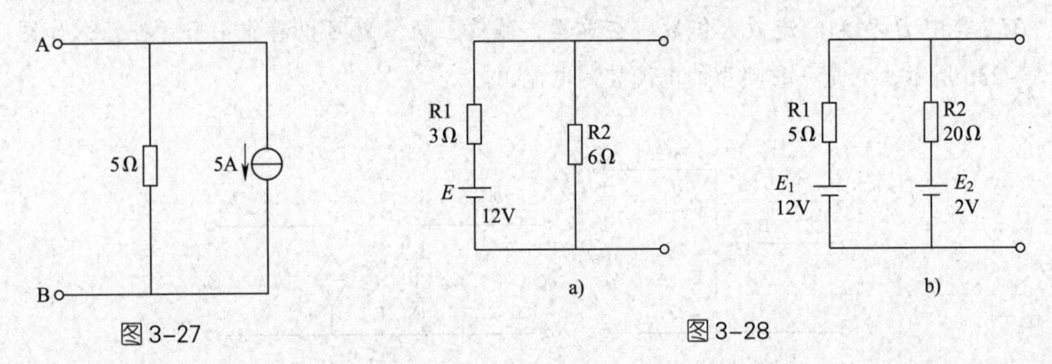

图 3–27

图 3–28

§3-3 戴维南定理

学习目标

1. 理解戴维南定理，并能应用于电路的分析计算。
2. 理解负载获得最大功率的条件和功率匹配的概念。

一、戴维南定理

在上一节的例3-6中，图3-21是将原电路中两个电压源等效为一个电流源，同样地，也可以将其等效为一个电压源，如图3-29所示。

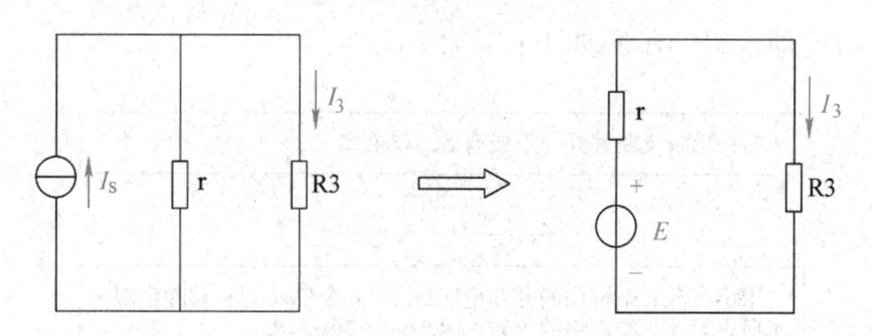

图3-29 等效电路

电压源电动势 $E = I_S r = 27 \times 0.5\ \text{V} = 13.5\ \text{V}$

内阻 $r = 0.5\ \Omega$

R3支路的电流 $I_3 = \dfrac{E}{R_3 + r} = \dfrac{13.5}{4 + 0.5}\ \text{A} = 3\ \text{A}$

这又给我们一个启示：如果一个复杂电路，并不需要求所有支路的电流，而只要求某一支路的电流，在这种情况下，可以先把待求支路移开，而把其余部分等效为一个电压源，这样计算就很简便了。

戴维南定理所给出的正是这种方法。

任何具有两个引出端的电路（也称网络）都可称为二端网络。若在这部分电路中含有电源，就称为有源二端网络（图3-30a），否则就称为无源二端网络（图3-30b）。

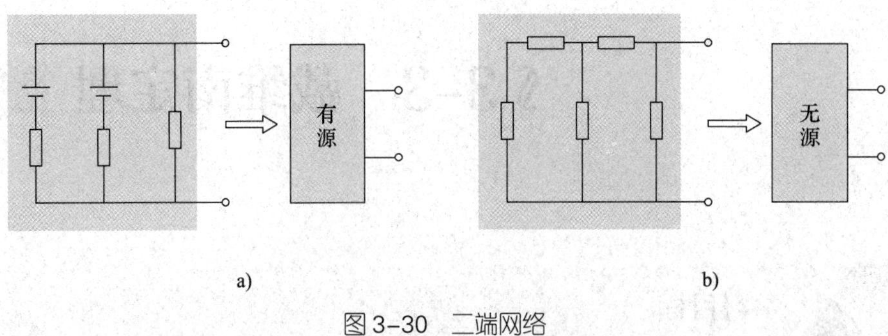

图 3-30　二端网络

a）有源二端网络　b）无源二端网络

戴维南定理指出：任何线性有源二端网络都可以用一个等效电压源来代替，电压源的电动势等于有源二端网络的开路电压，其内阻等于有源二端网络内所有电源不起作用时（理想电压源视为短路，理想电流源视为开路），网络两端的等效电阻（称为入端电阻）。

其中，线性是指电路全部由线性元件组成，而不含有非线性元件。

戴维南定理又称**等效电压源定理**。根据戴维南定理得到的这种等效电压源电路也称**戴维南等效电路**。

利用戴维南定理求解的步骤如下：

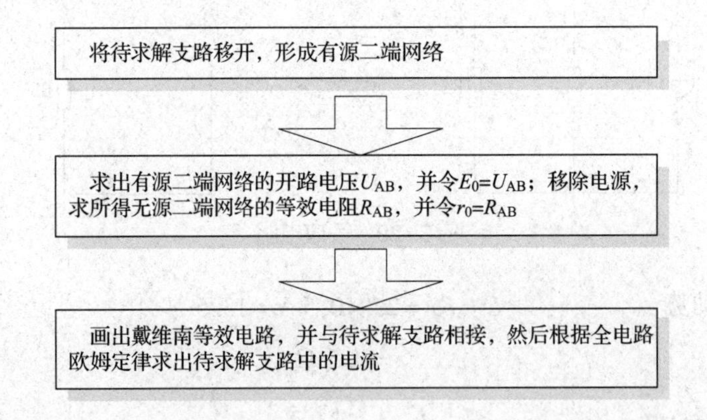

小提示

1. 戴维南定理只适用于线性有源二端网络，若有源二端网络内含有非线性电阻，则不能应用戴维南定理。

2. 画等效电路时，电压源参考方向应与选定的有源二端网络开路电压参考方向一致。

下面以电桥电路为例，用戴维南定理求解。

【例 3–7】 电桥电路如图 3-31a 所示，已知 $R_1 = 10\ \Omega$，$R_2 = 2.5\ \Omega$，$R_3 = 5\ \Omega$，$R_4 = 20\ \Omega$，$R_5 = 69\ \Omega$，$E = 12.5$ V，求电阻 R5 上通过的电流。

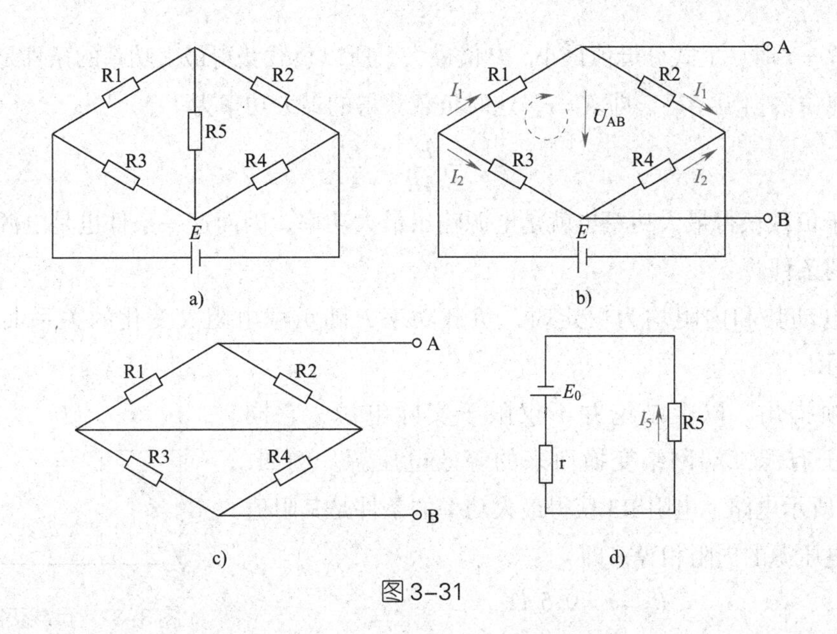

图3-31

解：（1）先移开 R5 支路，求开路电压 U_{AB}，如图 3-31b 所示，由基尔霍夫第二定律可得

$$U_{AB} = -I_1R_1 + I_2R_3 = -\frac{E}{R_1 + R_2}R_1 + \frac{E}{R_3 + R_4}R_3$$

$$= \frac{-12.5}{10 + 2.5} \times 10\ \text{V} + \frac{12.5}{5 + 20} \times 5\ \text{V} = -7.5\ \text{V}$$

（2）再求等效电阻 R_{AB}（注意要将电源除去，视为短路），如图 3-31c 所示。

$$R_{AB} = \frac{R_1R_2}{R_1 + R_2} + \frac{R_3R_4}{R_3 + R_4} = \frac{10 \times 2.5}{10 + 2.5}\ \Omega + \frac{5 \times 20}{5 + 20}\ \Omega = 6\ \Omega$$

（3）画出等效电路，并将 R5 接入，如图 3-31d 所示，则

$$I_5 = \frac{E_0}{r + R_5} = \frac{7.5}{6 + 69}\ \text{A} = 0.1\ \text{A}$$

二、电源向负载输出的功率

电源接上负载后，要向负载输送功率。由于电源内阻的存在，电源输出的总功率由电源内阻消耗的功率与外接负载获得的功率两部分组成。如果内阻上消耗的功率较大，负载上获得的功率就较小。那么，在什么情况下，负载才能获得最大功率呢?

设电源电动势为 E，内阻为 r，负载为纯电阻 R，则有

$$P = I^2R = \left(\frac{E}{R + r}\right)^2 R = \frac{RE^2}{(R + r)^2}$$

利用 $(R+r)^2 = (R-r)^2 + 4Rr$，上式可写成

$$P = \frac{RE^2}{(R - r)^2 + 4Rr} = \frac{E^2}{\frac{(R - r)^2}{R} + 4r}$$

当 $R=r$ 时，上式分母值最小，P 值最大，所以负载获得最大功率的条件是：负载电阻与电源的内阻相等，即 $R=r$，这时负载获得的最大功率为

$$P_{\mathrm{m}}=\frac{E^2}{4R}=\frac{E^2}{4r}$$

由于负载获得最大功率也就是电源输出最大功率，因而这一条件也是电源输出最大功率的条件。

当电动势和内阻均为恒定时，负载功率 P 随负载电阻 R 变化的关系曲线如图 3–32 所示。

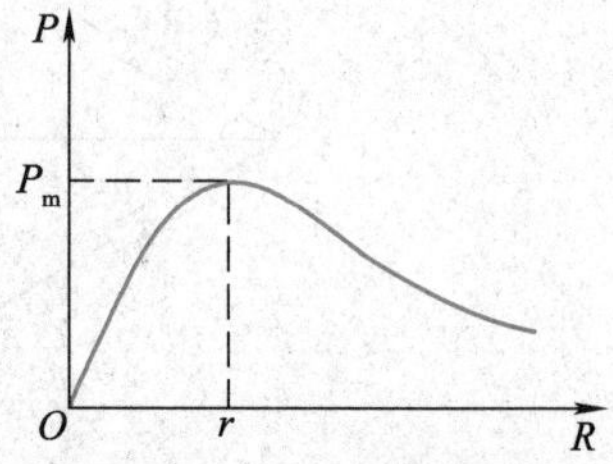

必须指出，以上结论并不仅限于实际电源，它同样适用于有源二端网络变换而来的等效电压源。例如，图 3–29 所示电路，电阻 R3 获得最大功率的条件是其阻值与等效电压源的内阻相等，即

$$R_3=r=0.5\ \Omega$$

图 3–32　负载获得最大功率的条件

【例 3–8】 图 3–33a 所示电路中，电源电动势 $E=6\ \mathrm{V}$，内阻 $r=10\ \Omega$，电阻 $R_1=10\ \Omega$，要使 R2 获得最大功率，R2 的阻值应为多大？这时 R2 获得的功率是多少？

解：（1）移开 R2 支路，将左边电路看成有源二端网络（图 3–33b）。

（2）将有源二端网络等效变换成电压源（图 3–33c）。

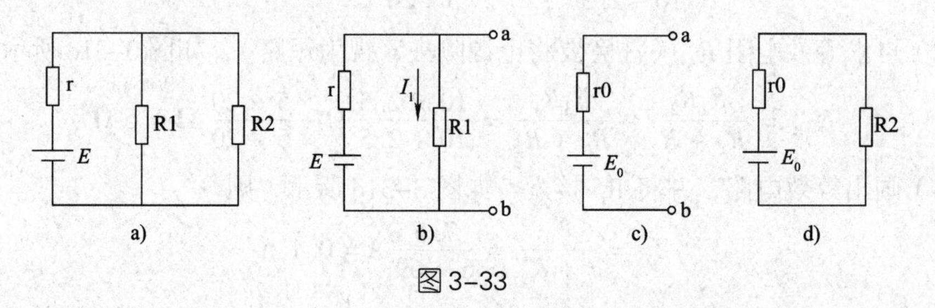

图 3–33

$$E_0=U_{\mathrm{ab}}=I_1R_1=\frac{E}{r+R_1}R_1=\frac{6}{10+10}\times 10\ \mathrm{V}=3\ \mathrm{V}$$

$$r_0=\frac{R_1 r}{R_1+r}=\frac{10\times 10}{10+10}\ \Omega=5\ \Omega$$

（3）$R_2=r_0=5\ \Omega$ 时，R2 可获得最大功率（图 3–33d）。

$$P_{\mathrm{m}}=\frac{E_0^2}{4r_0}=\frac{3^2}{4\times 5}\ \mathrm{W}=0.45\ \mathrm{W}$$

当负载电阻与电源内阻相等时，称为负载与电源匹配。这时负载上和电源内阻上消耗的功率相等，电源的效率即负载功率与电源输出总功率之比只有 50%。

在电子电路中，因为信号一般很弱，常要求从信号源获得最大功率，因而必须满足匹配条件。例如，在音响系统中，要求功率放大器与扬声器间满足匹配条件；在电

视接收系统中，要求电视机接收端子与输入信号间满足匹配条件。在负载电阻与信号源内阻不等的情况下，为了实现匹配，往往要在负载之前接入变换器（图 3-34）。

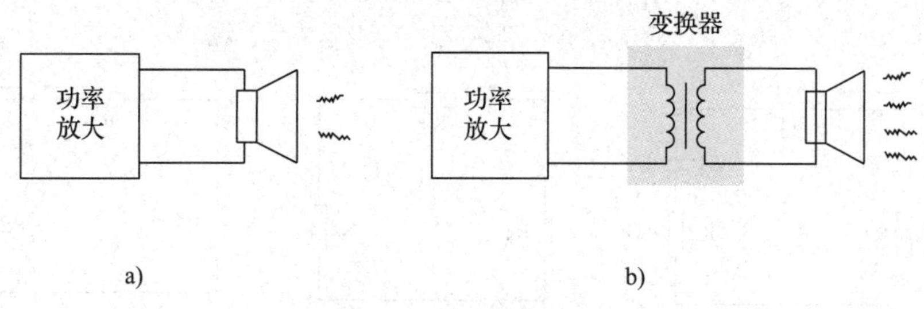

图 3-34 变换器的作用

a）未接变换器前输出功率小 b）接入变换器后输出功率大

但在电力系统中，输送功率很大，如何提高效率就显得非常重要，必须使电源内阻（包括输电线路电阻）远小于负载电阻，以减小损耗，提高效率。

巩固练习

1. 应用戴维南定理将图 3-28 所示两个电路变换为等效电压源。

2. 在图 3-35 所示电路中，已知 $E = 12\ \text{V}$，$r = 0.2\ \Omega$，$R_1 = 4.8\ \Omega$，$R_3 = 7\ \Omega$，求 R2 阻值多大时可以从电路中获得最大的功率？最大功率是多少？

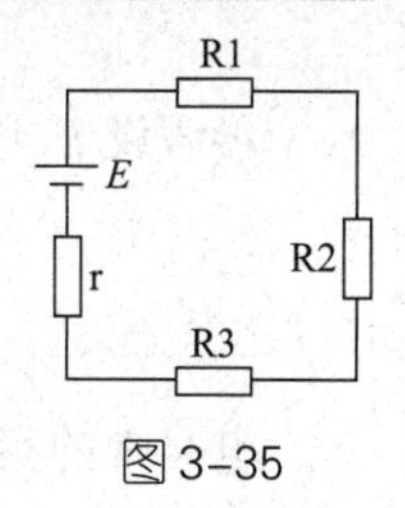

图 3-35

§3-4 叠加原理

学习目标

1. 了解叠加原理的内容和适用条件。
2. 能正确使用叠加原理分析计算电路。

首先来分析一个并不复杂的电路，如图 3-36a 所示，电路中两个电源的电动势分别为 E_1 和 E_2，根据基尔霍夫第二定律可得：

$$I(R_1+R_2+R_3)=E_1-E_2$$

$$I=\frac{E_1-E_2}{R_1+R_2+R_3}=\frac{18-6}{2+4+6}\text{ A}=1\text{ A}$$

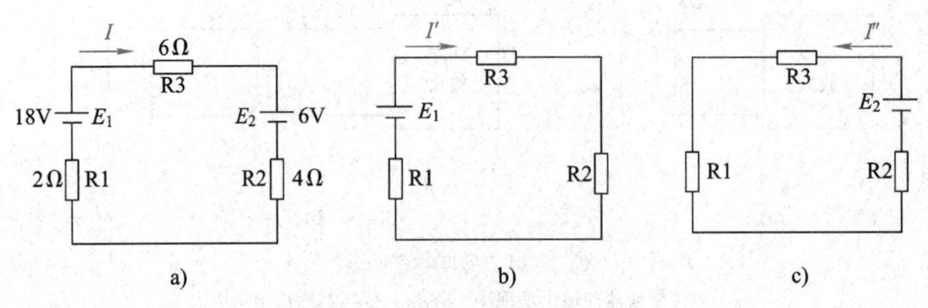

图 3–36　叠加原理

a）实际电路　b）设 E_1 单独作用　c）设 E_2 单独作用

现在假设 E_1 单独作用，而将 E_2 置零（图 3–36b），则电路中电流为

$$I'=\frac{E_1}{R_1+R_2+R_3}=\frac{18}{2+4+6}\text{ A}=1.5\text{ A}$$

再假设 E_2 单独作用，而将 E_1 置零（图 3–36c），则电路中电流为

$$I''=\frac{E_2}{R_1+R_2+R_3}=\frac{6}{2+4+6}\text{ A}=0.5\text{ A}$$

电路中的实际电流应为两个电源共同作用的结果，即

$$I=I'-I''=1.5-0.5\text{ A}=1\text{ A}$$

这给我们一个启示：分析含有几个独立源的复杂电路时，可将其分解为几个独立源单独作用的简单电路来研究，然后将计算结果叠加，求得原电路的实际电流、电压，这一原理称为叠加原理。

叠加原理中所说的独立源单独作用，是指当某一独立源起作用时，其他独立源都不起作用，即独立恒压源用短路代替，独立恒流源用开路代替。

叠加原理是线性电路的一个基本定理。

应用叠加原理解题步骤如下：

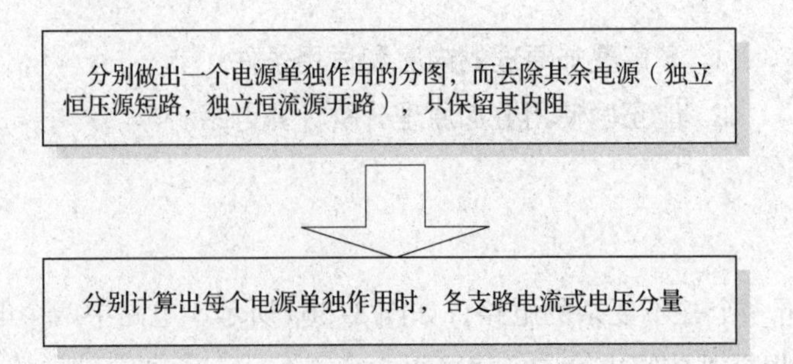

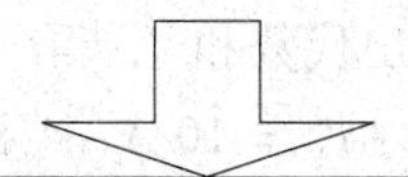

计算出各支路电流或电压分量的代数和，这就是各个电源共同作用时，各支路的电流或电压

下面仍以例 3–4 中的电路为例说明应用叠加原理分析电路的方法。

【例 3–9】 电路如图 3–37a 所示，用叠加原理求各支路电流，并计算 R3 上消耗的功率。

解：（1）将原电路分解为 E_1 和 E_2 分别作用的两个简单电路，并标出电流参考方向，如图 3–37b、图 3–37c 所示。

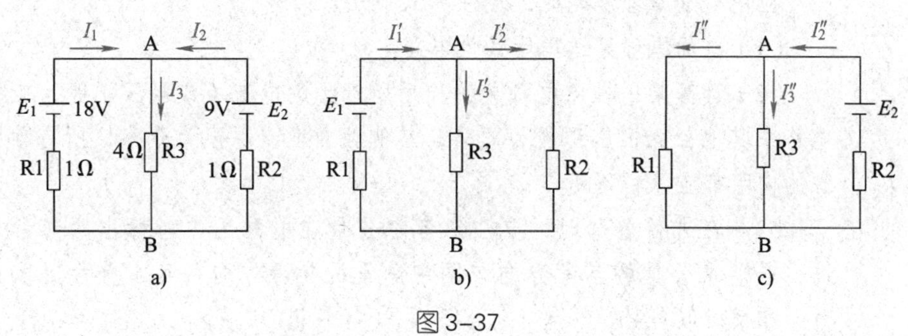

图 3–37

a）实际电路 b）设 E_1 单独作用 c）设 E_2 单独作用

（2）分别求出各电源单独作用时各支路电流。

在图 3–37b 中，E_1 单独作用时

$$I_1' = \frac{E_1}{R_1 + \dfrac{R_2 R_3}{R_2 + R_3}} = \frac{18}{1 + \dfrac{1 \times 4}{1 + 4}}\ \text{A} = 10\ \text{A}$$

$$I_2' = \frac{R_3}{R_2 + R_3} I_1' = \frac{4}{1 + 4} \times 10\ \text{A} = 8\ \text{A}$$

$$I_3' = \frac{R_2}{R_2 + R_3} I_1' = \frac{1}{1 + 4} \times 10\ \text{A} = 2\ \text{A}$$

在图 3–37c 中，E_2 单独作用时

$$I_2'' = \frac{E_2}{R_2 + \dfrac{R_1 R_3}{R_1 + R_3}} = \frac{9}{1 + \dfrac{1 \times 4}{1 + 4}}\ \text{A} = 5\ \text{A}$$

$$I_1'' = \frac{R_3}{R_1 + R_3} I_2'' = \frac{4}{1 + 4} \times 5\ \text{A} = 4\ \text{A}$$

$$I_3'' = \frac{R_1}{R_1 + R_3} I_2'' = \frac{1}{1 + 4} \times 5\ \text{A} = 1\ \text{A}$$

（3）将各支路电流叠加（即求出代数和），得

$$I_1 = I_1' - I_1'' = 10\ \text{A} - 4\ \text{A} = 6\ \text{A}$$
$$I_2 = I_2'' - I_2' = 5\ \text{A} - 8\ \text{A} = -3\ \text{A}$$
$$I_3 = I_3' + I_3'' = 2\ \text{A} + 1\ \text{A} = 3\ \text{A}$$

R3 上消耗的功率为 $P_3 = I_3^2 R_3 = 3^2 \times 4\ \text{W} = 36\ \text{W}$

应当注意 $P_3' + P_3'' = (I_3')^2 R_3 + (I_3'')^2 R_3 = 2^2 \times 4\ \text{W} + 1^2 \times 4\ \text{W} = 20\ \text{W}$

显然 $P_3 \neq P_3' + P_3''$

可以看出，**功率不满足叠加原理，计算时不能直接叠加**。

小提示

应用叠加原理解题时，应注意以下几点：

（1）叠加原理只适用于线性电路。

（2）计算某一独立电源单独作用所产生的电流（或电压）时，应将电路中其他独立恒压源视为短路，其他独立恒流源视为开路，所有独立源的内阻都应保留不变。

（3）在进行叠加时，要注意各个分量在电路图中所标出的参考方向，若所求分量的参考方向与图中总量的参考方向一致，叠加时取正号，相反时取负号。

（4）叠加原理只能用来计算线性电路中的电流或电压，但功率不能用叠加原理计算，因为功率与电流（或电压）之间不是线性关系。

巩固练习

在图 3–37a 所示电路中，用叠加原理求 U_{AB} 的数值。如果右边的电源 E_2 反向，电压 U_{AB} 将变为多大?

本章小结

1. 基尔霍夫第一定律反映了节点上各支路电流之间的关系。其表达式为：$\sum I_{进} = \sum I_{出}$。

2. 基尔霍夫第二定律反映了回路中各元件电压之间的关系。其表达式为：$\sum E = \sum IR$。

3. 支路电流法是以支路电流为未知量，依据基尔霍夫定律列出节点电流方程和回路电压方程，然后联立方程，求出各支路电流。

如果电路有 m 条支路、n 个节点，即可列出（$n-1$）个独立节点电流方程和［$m-(n-1)$］个独立回路电压方程。

4. 电压源与电流源的外特性相同时，对外电路来说，这两个电源是等效的。

电压源变换为电流源：$I_s = \frac{E}{r}$，内阻 r 阻值不变，但要将其改为并联。

电流源变换为电压源：$E = I_s r$，内阻 r 阻值不变，但要将其改为串联。

5. 戴维南定理：任何线性有源二端网络都可以用一个等效电压源来代替。这个等效电压源的电动势等于该二端网络的开路电压，它的内阻等于该二端网络的入端电阻。

6. 负载电阻与电源的内阻相等，即 $R = r$ 时，负载获得的功率最大：

$$P_m = \frac{E^2}{4R} = \frac{E^2}{4r}$$

7. 叠加原理是线性电路的基本原理。其内容是：电路中任一支路的电流（或电压）等于每个电源单独作用时产生的电流（或电压）的代数和。

第四章
磁场与电磁感应

§4-1 磁　场

学习目标

1. 能应用右手螺旋定则正确判断通电长直导线和通电螺线管的磁场方向。

2. 理解磁感应强度、磁通、磁导率的概念。

一、磁场与磁感线

当两个磁极靠近时，它们之间会发生相互作用：**同名磁极相互排斥，异名磁极相互吸引**。

两个磁极互不接触，却存在相互作用力，这是因为在磁体周围的空间中存在着一种特殊的物质——磁场。

我们可以画出一些互不交叉的闭合曲线来描述磁场，这样的曲线称为**磁感线**。磁感线上每一点的切线方向就是该点的磁场方向，也就是放在该点的小磁针 N 极所指的方向。磁感线在磁体外部由 N 极指向 S 极，在磁体内部由 S 极指向 N 极。而磁感线的疏密程度则形象地表现了各处磁场的强弱。图 4–1 所示为蹄形磁铁的磁感线。图 4–2 所示为条形磁铁的磁感线。

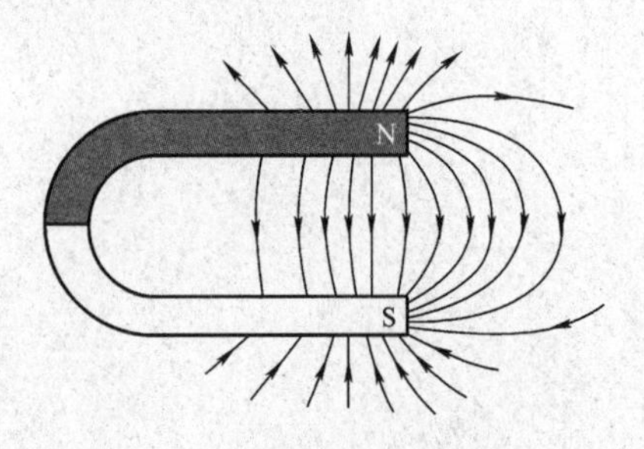

图 4–1　蹄形磁铁的磁感线

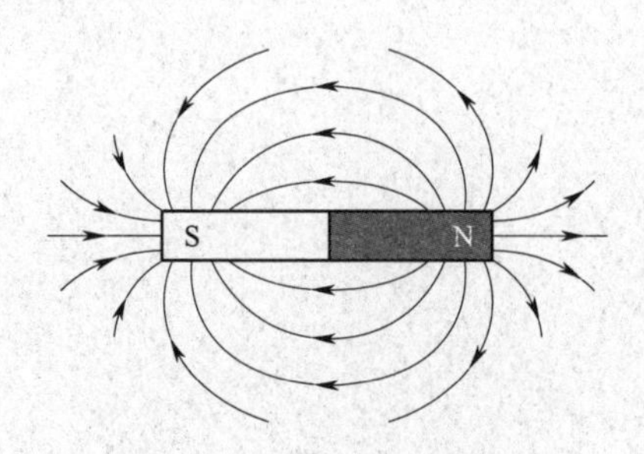

图 4–2　条形磁铁的磁感线

在磁场的某一区域里，如果磁感线是一些方向相同、分布均匀的平行直线，则称这一区域为匀强磁场。距离很近的两个异名磁极之间的磁场，除边缘部分外，就可以认为是匀强磁场（图 4–3）。

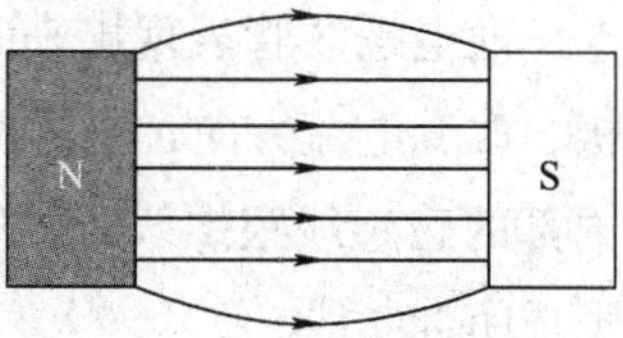

图 4–3 匀强磁场

二、电流的磁场

磁铁并不是磁场的唯一来源。如图 4–4 所示，当把一根水平放置的通电导线平行地靠近一磁针上方时，磁针立即发生偏转。上述现象说明，电流周围存在着磁场。电流产生磁场的现象称为电流的磁效应。

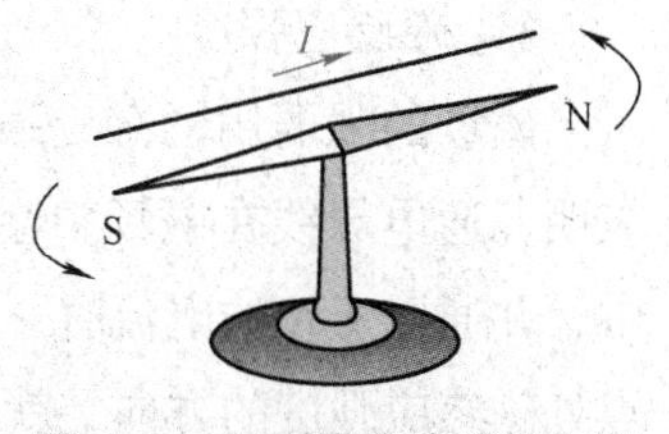

图 4–4 通电导线使磁针偏转

通电长直导线及通电螺线管周围的磁场方向可用右手螺旋定则（也称安培定则）来确定，具体方法见表 4–1。

表 4–1 右手螺旋定则

通电长直导线	通电螺线管
用右手握住导线，让伸直的拇指所指的方向跟电流的方向一致，则弯曲的四指所环绕的方向就是磁感线的环绕方向	用右手握住通电螺线管，让弯曲的四指所环绕的方向跟电流的方向一致，则拇指所指的方向就是螺线管内部磁感线的方向，也就是通电螺线管的磁场 N 极的方向
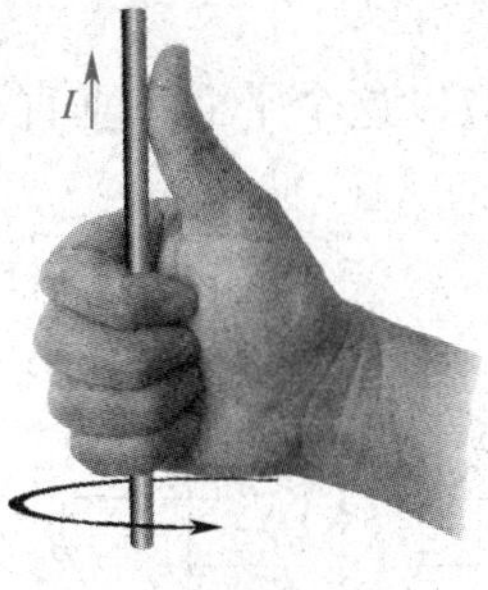	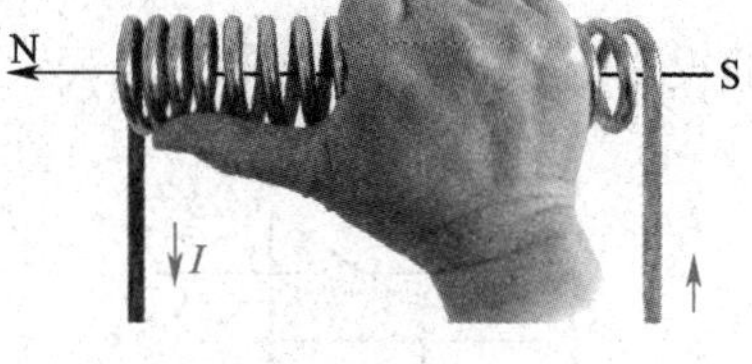
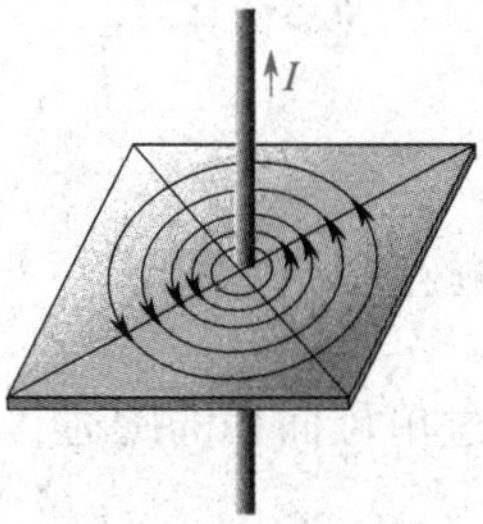	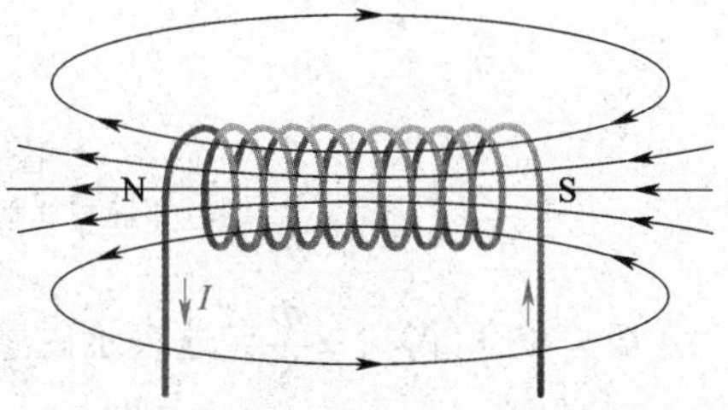

通电螺线管表现出来的磁性与条形磁体相似，一端相当于N极，另一端相当于S极，改变电流方向，它的两极就对调。其外部的磁感线也是从N极出、从S极入；其内部的磁感线跟螺线管的轴线平行，方向由S极指向N极，并和外部的磁感线连接，形成闭合曲线。

三、磁场的主要物理量

1. 磁感应强度

磁场的强弱用磁感应强度来描述，符号为 B，单位是特斯拉（T），简称特。实验表明，通电导线在磁场中会受到力的作用，将1 m长的导线垂直于磁场方向放入磁场中，并通以1 A的电流时，如果受到的力为1 N，则导线所处的磁感应强度为1 T。某点处磁感应强度的方向，就是该点的磁场方向。

磁场越强，磁感应强度越大；磁场越弱，则磁感应强度越小。普通永磁体磁极附近的磁感应强度一般在0.4 ~ 0.7 T，电机和变压器铁芯中心的磁感应强度可达在0.8 ~ 1.4 T，地面附近磁场的磁感应强度只有0.000 05 T。

2. 磁通

为了定量地描述磁场在某一范围内的分布及变化情况，引入磁通这一物理量。

设在磁感应强度为 B 的匀强磁场中，有一个与磁场方向垂直的平面，面积为 S，则把 B 与 S 的乘积定义为穿过这个面积的磁通量（图4–5a），简称磁通。用 Φ 表示磁通，则有

$$\Phi = BS$$

磁通的单位是韦伯（Wb），简称韦。

如果磁场不与所讨论的平面垂直（图4–5b），则应以这个平面在垂直于磁场 B 的方向的投影面积 S' 与 B 的乘积来表示磁通。

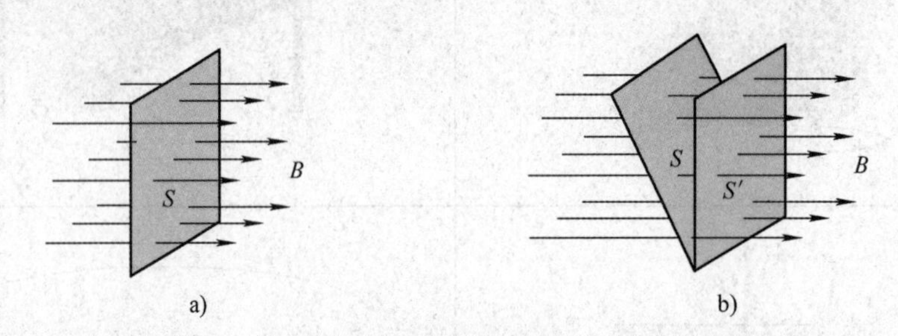

图4–5　磁通

a）平面与B垂直　b）平面与B不垂直

由 $\Phi = BS$ 可得 $B = \dfrac{\Phi}{S}$，这表示磁感应强度等于穿过单位面积的磁通，所以磁感应强度又称磁通密度，也可用 Wb/m^2 作单位。

当面积一定时，该面积上的磁通越大，磁感应强度越大，磁场越强。这一概念在电气工程上有极其重要的意义，如变压器、电动机、电磁铁等就是通过尽可能地减少漏磁通，增强一定铁芯截面下的磁感应强度来提高其工作效率的。

3. 磁导率

如果用一个插有铁棒的通电线圈去吸引铁屑，然后把通电线圈中的铁棒换成铜棒再去吸引铁屑，便会发现在两种情况下吸力大小不同，前者比后者大得多。这表明不同的磁介质对磁场的影响不同，影响的程度与磁介质的导磁性能有关。

磁导率就是一个用来表示磁介质导磁性能的物理量，用 μ 表示，其单位为亨利每米（H/m）。由实验测得真空中的磁导率 $\mu_0=4\pi\times10^{-7}$ H/m，为一常数。

自然界大多数物质对磁场的影响甚微，只有少数物质对磁场有明显的影响。为了比较磁介质对磁场的影响，把任一物质的磁导率与真空的磁导率的比值称作相对磁导率，用 μ_r 表示，即：

$$\mu_r=\frac{\mu}{\mu_0}$$

相对磁导率只是一个比值。它表明在其他条件相同的情况下，磁介质中的磁感应强度是真空中磁感应强度的多少倍。

巩固练习

1. 磁感线的方向总是由 N 极指向 S 极吗？磁感线上的箭头方向一定和磁场方向相同吗？

2. 通电直导线附近的小磁针如图 4-6 所示，标出导线中的电流方向。

3. 如图 4-7 所示，当导线环中沿逆时针方向通过电流时，说出小磁针最后静止时 N 极的指向。

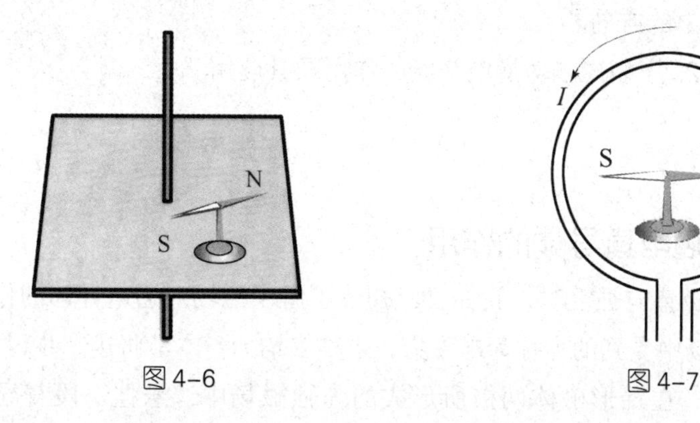

图 4-6　　图 4-7

4. 判断图 4-8 所示通电线圈的 N、S 极或根据已标明的磁极极性判断线圈中的电流方向。

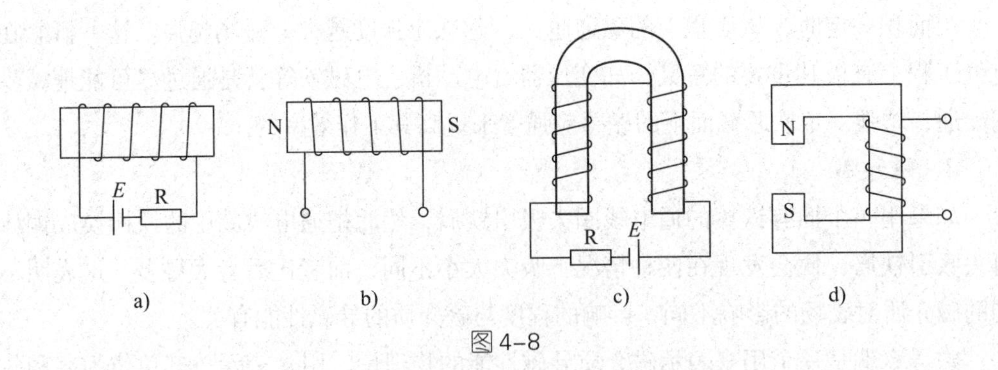

图 4-8

5. 下列说法是否正确?

（1）如果通过某一截面的磁通为零，则该截面处的磁感应强度一定为零。

（2）磁导率是一个用来表示磁介质磁性的物理量，对于不同的物质就有不同的磁导率。

§4-2　磁场对电流的作用

学习目标

1. 理解磁场对电流的作用力（电磁力），能用左手定则正确判断电磁力的方向。

2. 了解磁场对通电线圈的作用及其应用。

一、磁场对通电直导体的作用

在上一节讨论磁感应强度时，我们已经初步了解了磁场对通电导体的作用力。通常把通电导体在磁场中受到的力称为**电磁力**，也称**安培力**。本节将进一步讨论电磁力。

如图 4-9 所示，在蹄形磁体两极所形成的匀强磁场中，悬挂一段直导线，让导线方向与磁场方向保持垂直，导线通电后，可以看到导线因受力而发生运动。

先保持导线通电部分的长度不变，改变电流的大小，然后保持电流不变，改变导线通电部分的长度。比较两次实验结果可以发现，通电导线长度一定时，电流越大，电流所受电磁力越大；电流一定时，通电导线越长，电磁力也越大。当我们交换磁极位置改变了磁场方向，或改接电源极性改变了导线中的电流方向后，导体的受力方向都随之改变。

通电直导体在磁场内的受力方向可用左手定则来判断。如图 4–10 所示，平伸左手，使拇指与其余四个手指垂直，并且都跟手掌在同一个平面内，让磁感线垂直穿入掌心，并使四指指向电流的方向，则拇指所指的方向就是通电导体所受电磁力的方向。

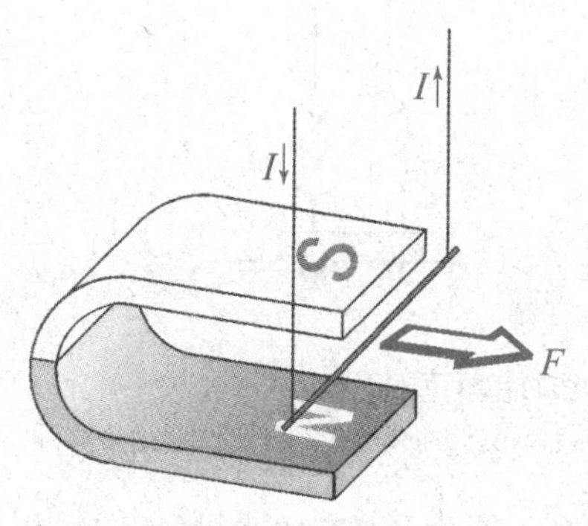

图 4–9 通电直导体在磁场中受到的电磁力

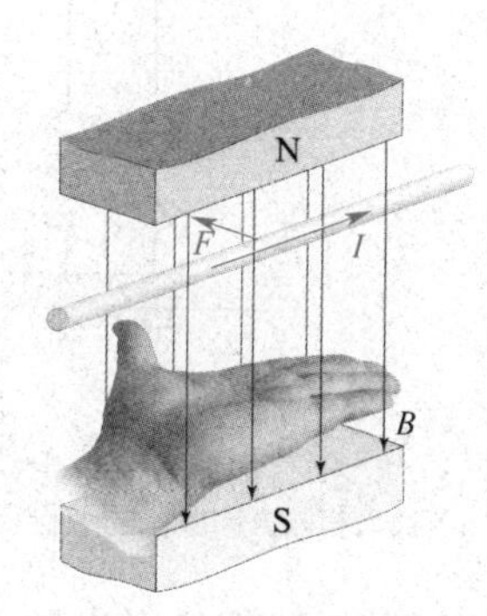

图 4–10 左手定则

把一段通电导线放入磁场中，当电流方向与磁场方向垂直时，电流所受的电磁力最大。此时电磁力的计算式为：

$$F = BIl$$

如果电流方向与磁场方向不垂直，而是有一个夹角 α（图 4–11），这时通电导线的有效长度为 $l\sin\alpha$（即 l 在与磁场方向相垂直方向上的投影）。电磁力的计算式变为：

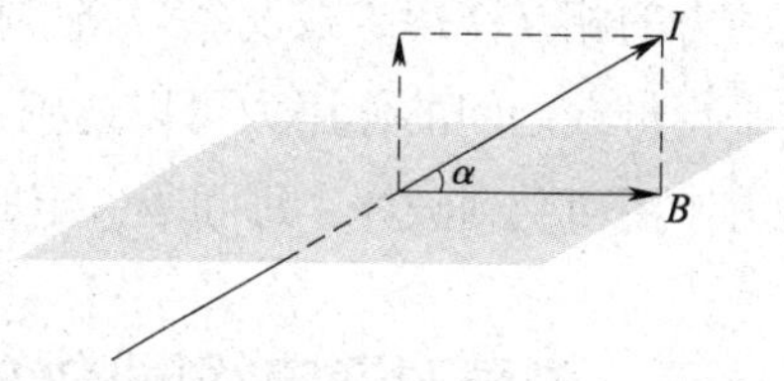

图 4–11 电流方向与磁场方向有一夹角 α

$$F = BIl\sin\alpha$$

从这个公式可以看出：当 $\alpha = 90°$ 时，$\sin 90° = 1$，电磁力最大；当 $\alpha = 0°$ 时，$\sin 0° = 0$，电磁力最小；当电流方向与磁场方向斜交时，电磁力介于最大值和最小值之间。

二、通电平行直导线间的作用

如图 4–12 所示，两条相距较近且相互平行的直导线，当通以相同方向的电流时，它们相互吸引（图 4–12a）；当通以相反方向的电流时，它们相互排斥（图 4–12b）。这是由于每条直导线都处在另一条直导线电流的磁场中，因而每条直导线都受到电磁力的作用。图中⊗表示电流垂直地由纸面外流向纸面内，⊙表示电流垂直地由纸面

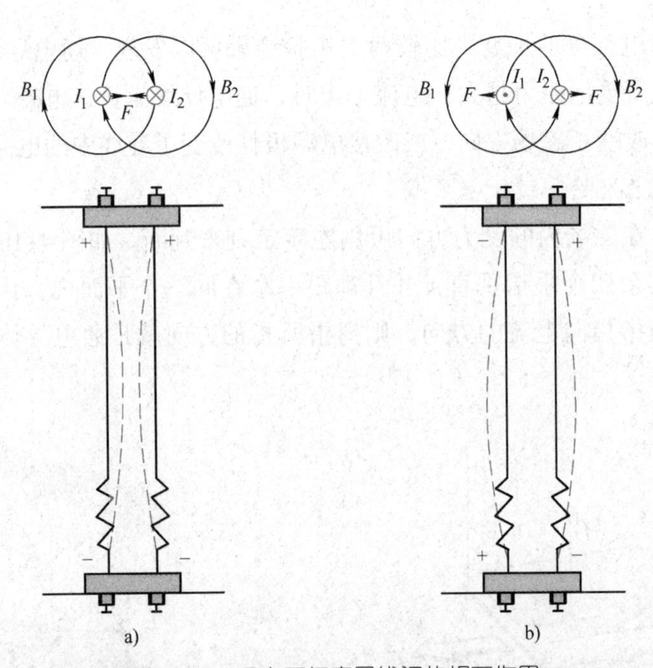

图 4–12　通电平行直导线间的相互作用

a）通入相同方向电流的平行直导线相互吸引　b）通入相反方向电流的平行直导线相互排斥

内流向纸面外。我们可以先用右手螺旋定则判断一个电流产生的磁场方向，再用左手定则判断另一个电流在这个磁场中所受电磁力的方向。试试看，你的判断正确吗？

发电厂或变电所的母线排就是这种互相平行的载流直导体，它们之间存在着这种电磁力的相互作用。在发生短路事故时，通过母线的电流会骤然增大几十倍，这时两排平行母线之间的作用力可以达到几千牛。为了使母线不致因短路时所产生的巨大电磁力作用而受到破坏，每间隔一定间距就要安装一个绝缘支柱，以平衡电磁力。

三、磁场对通电线圈的作用

磁场对通电矩形线圈的作用是电动机旋转的基本原理。

如图 4–13 所示，在匀强磁场中放入一个线圈，当给线圈通入电流时，它就会在电磁力的作用下旋转起来。线圈的旋转方向可按左手定则判断，当线圈平面与磁感线平行时，线圈在 N 极一侧的有效部分所受电磁力向下，在 S 极一侧的有效部分所受电磁力向上，这时线圈的转矩最大，线圈按顺时针方向转动。当线圈平面与磁感线垂直时，转矩为零，但由于惯性，线圈仍继续转动。通过换向器的作用，与电源负极相连的电刷 A 始终与转到 N 极一侧的导线相连，电流方向恒为由 A 流出线圈；与电源正极相连的电刷 B 始终与转到 S 极一侧的导线相连，电流方向恒为由 B 流入线圈。因此，线圈始终能按顺时针方向连续旋转。

由于这种电动机的电源是直流电源，所以称为直流电动机。许多利用永久磁铁来使通电线圈偏转的磁电式仪表，也都是利用这一原理制成的（图 4–14）。

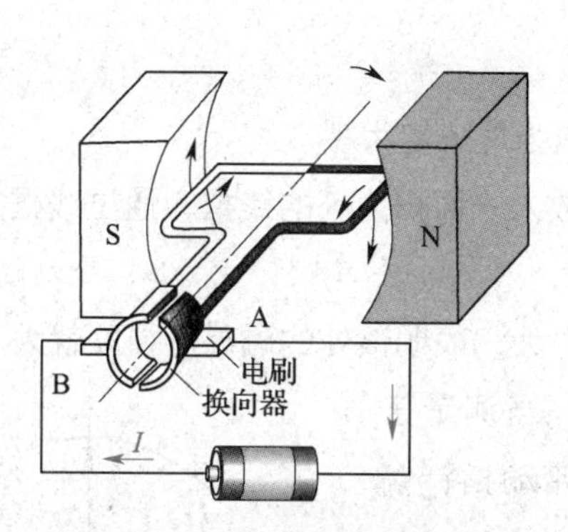

图 4-13 直流电动机的原理

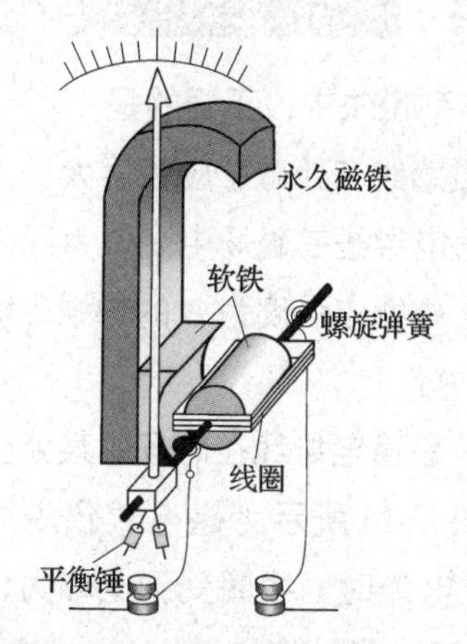

图 4-14 磁电式仪表的结构

知识拓展

磁悬浮列车

磁悬浮列车最基本的原理就是磁极的同性相斥和异性相吸。车身和路面都安装有电磁铁，其中，车身磁场和路面磁场产生浮力，使列车稳定悬浮（图 4-15a）；车身磁场和推进磁场产生直线作用力，使列车前进（图 4-15b）。

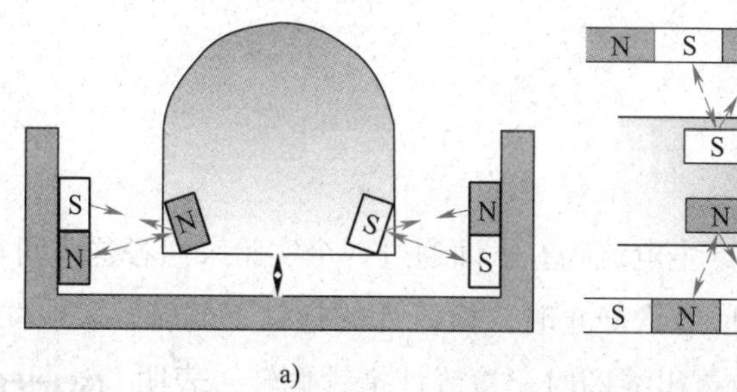

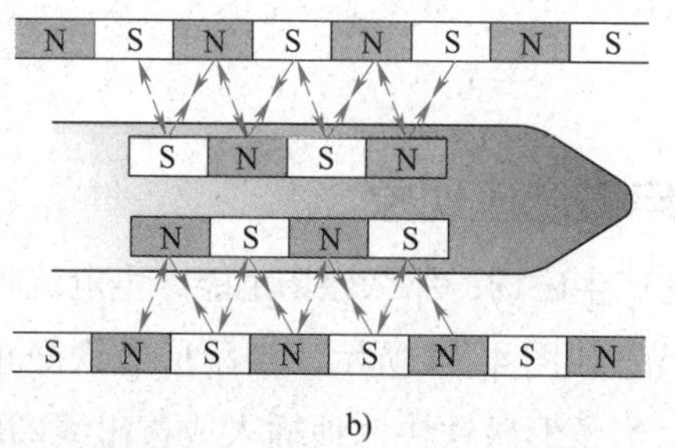

图 4-15 磁悬浮列车

a）磁悬浮原理 b）磁推进原理

巩固练习

1. 下列说法中，正确的是（　　）。

A. 磁感线密处磁感应强度大

B. 通电导线在磁场中受力为零，磁感应强度一定为零

C. 在磁感应强度为 B 的匀强磁场中，放入一面积为 S 的线框，通过线框的磁通一定为 $\Phi = BS$

D. 一段通电导线在磁场中某处受到的力大，表明该处的磁感应强度就大

2. 图 4–16 所示为磁电式仪表原理图，当测量直流电压或电流时，线圈受到电磁力作用并带动指针偏转。判断图中指针偏转方向。

3. 图 4–13 中，当线圈平面与磁感线垂直时，转矩为零，为什么？

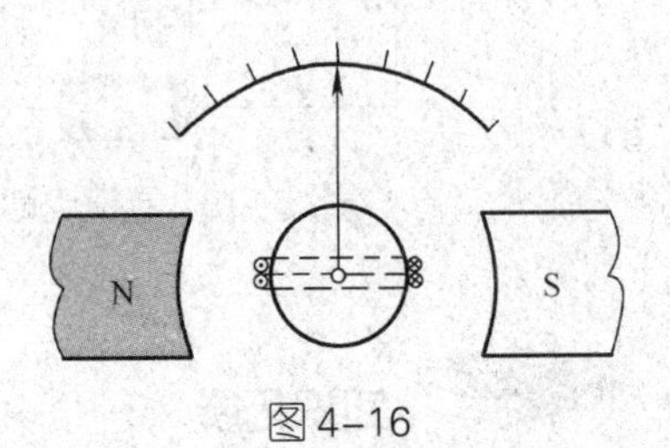

图 4–16

§ 4–3 电磁感应

学习目标

1. 理解感应电动势的概念，能用右手定则正确判断感应电动势的方向。

2. 掌握楞次定律及其应用，理解法拉第电磁感应定律。

一、电磁感应现象

电流能产生磁场，那么磁场也能产生电流吗？下面通过一个实验来回答这一问题。

实验装置如图 4–17 所示，当条形磁铁静止时，检流计的指针不偏转，表明线圈中无电流。当条形磁铁快速地插入或拔出线圈时，检流计指针偏转，表明线圈中有电流流过。当条形磁铁以更快的速度插入或拔出线圈时，指针的偏转角度变大，表明线圈中的电流增大。

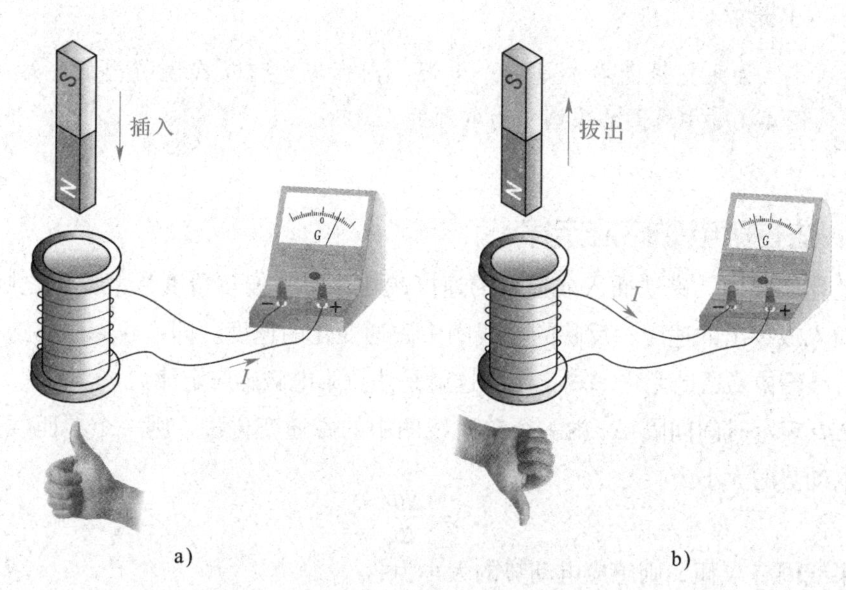

图 4-17 电磁感应现象

a）条形磁铁快速插入线圈 b）条形磁铁快速拔出线圈

这种磁场产生电流的现象称为电磁感应现象，产生的电流称为感应电流，产生感应电流的电动势称为感应电动势。

从以上实验可以看出，感应电流的产生与磁通的变化有关。当穿过闭合电路的磁通发生变化时，闭合电路中就有感应电流。

磁铁插入线圈时，线圈中的磁通增加；磁铁从线圈中拔出时，线圈中的磁通减小。这两种情况下线圈中都有感应电流。如果将磁铁放置在线圈中静止不动，线圈中的磁通不发生变化，线圈中就没有感应电流。

二、楞次定律

在上述实验中，当条形磁铁插入或拔出时，检流计指针的偏转方向是相反的，如果改变磁铁极性，检流计指针偏转方向也会随之改变。那么，感应电流的方向与哪些因素有关呢？楞次定律指出了磁通的变化与感应电动势在方向上的关系，即：感应电流的磁场总要阻碍引起感应电流的磁通的变化。

在图 4-17a 中，当把磁铁插入线圈时，线圈中的磁通将增加。根据楞次定律，感应电流的磁场应阻碍磁通的增加，则线圈感应电流磁场的方向应为上 N 下 S，再用右手螺旋定则可判断出感应电流的方向是由右端流进检流计。

在图 4-17b 中，当把磁铁拔出线圈时，线圈中的磁通将减小。根据楞次定律，感应电流的磁场应阻碍磁通的减小，则线圈感应电流磁场的方向应为上 S 下 N，再用右手螺旋定则可判断出感应电流的方向是由左端流进检流计。

小提示

如果把线圈看成是一个电源，则感应电流从线圈流出的一端（如图 4-17a 中线圈的下端）为电源的正极。

三、法拉第电磁感应定律

在上述实验中，磁铁插入或拔出的速度越快，指针偏转角度越大，反之则越小。而磁铁插入或拔出的速度，反映的是线圈中磁通变化的速度。即：**线圈中感应电动势的大小与线圈中磁通的变化率成正比**。这就是法拉第电磁感应定律。

用 $\Delta\Phi$ 表示时间间隔 Δt 内一个单匝线圈中的磁通变化量，则一个单匝线圈产生的感应电动势的大小为

$$e = \frac{\Delta\Phi}{\Delta t}$$

如果线圈有 N 匝，则感应电动势的大小为

$$e = N\frac{\Delta\Phi}{\Delta t}$$

小提示

需要注意的是，这里计算的仅是感应电动势的大小，其方向还需要根据楞次定律进行判定，在电路计算中，应根据实际方向与参考方向的关系确定其正负。

四、直导体切割磁感线产生感应电动势

如图 4-18 所示，在匀强磁场中放置一段导体，其两端分别与检流计相接，形成一个回路。使导体做切割磁感线运动，观察检流计指针偏转情况。

感应电动势的方向可用右手定则判断。如图 4-19 所示，平伸右手，拇指与其余四指垂直，让磁感线穿入掌心，拇指指向导体运动方向，则其余四指所指的方向就是感应电动势的方向。

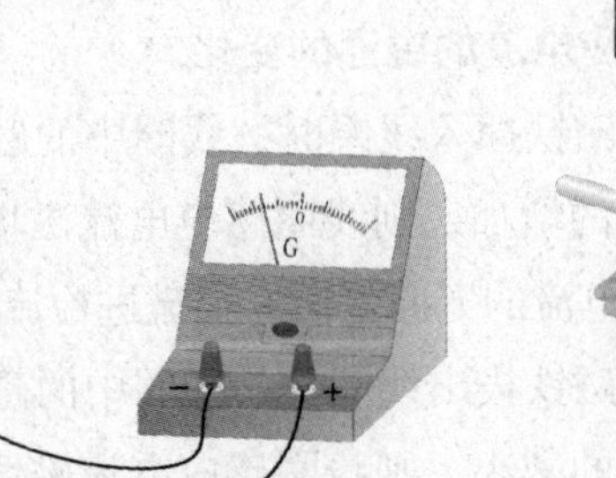

图 4-18　直导体切割磁感线产生感应电动势

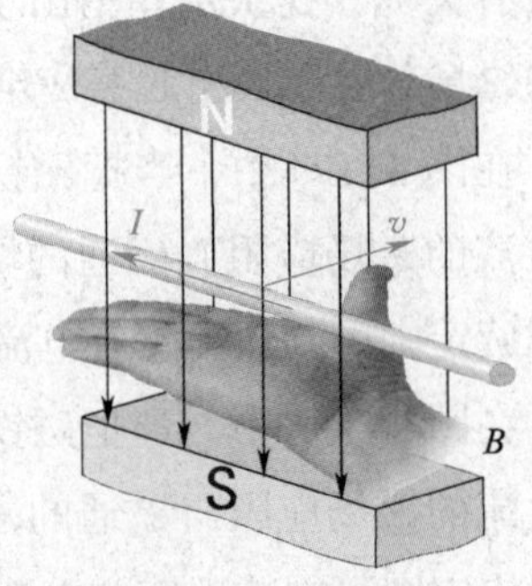

图 4-19　右手定则

需要注意的是：判断感应电动势方向时，要把导体看成是一个电源，在导体内部，感应电动势的方向由负极指向正极，感应电流的方向与感应电动势的方向相同。如果直导体不形成闭合回路时，导体中只产生感应电动势，而无感应电流。

当导体、导体运动方向和磁感线方向三者互相垂直时，导体中的感应电动势为：

$$e = Blv$$

如果导体运动方向与磁感线方向有一个夹角 α（图 4–20），则导体中的感应电动势为：

$$e = Blv\sin\alpha$$

由上式可知，当导体的运动方向与磁感线垂直时（$\alpha = 90°$），导体中感应电动势最大；当导体的运动方向与磁感线平行时（$\alpha = 0°$），导体中感应电动势为零。

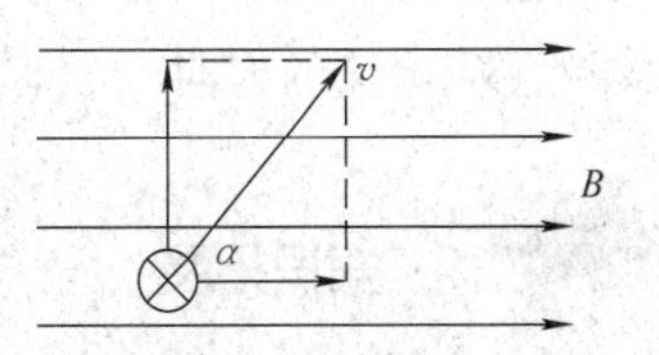

图 4–20　导体运动方向与磁感线方向有一个夹角 α

发电机就是利用导线切割磁感线产生感应电动势的原理发电的（图 4–21），实际应用中，将导线做成线圈，使其在磁场中转动，从而得到连续的电流。

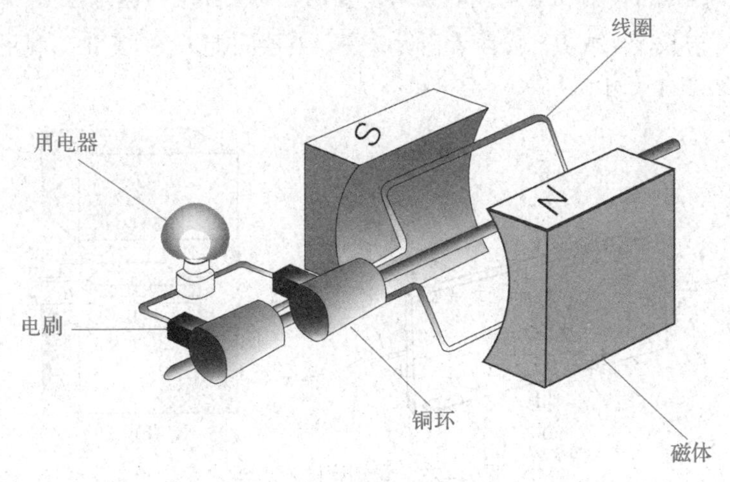

图 4–21　发电机原理示意图

【例 4–1】 如图 4–22 所示，在磁感应强度为 B 的匀强磁场中，有一长度为 l 的直导体 AB，可沿平行导电轨道滑动。当导体以速度 v 向左匀速运动时，确定导体中感应电动势的方向和大小。

解：（1）导体向左运动时，导电回路中磁通将增加，根据楞次定律判断，导体中感应电动势的方向是 B 端为正，A 端为负。用右手定则判断，结果相同。

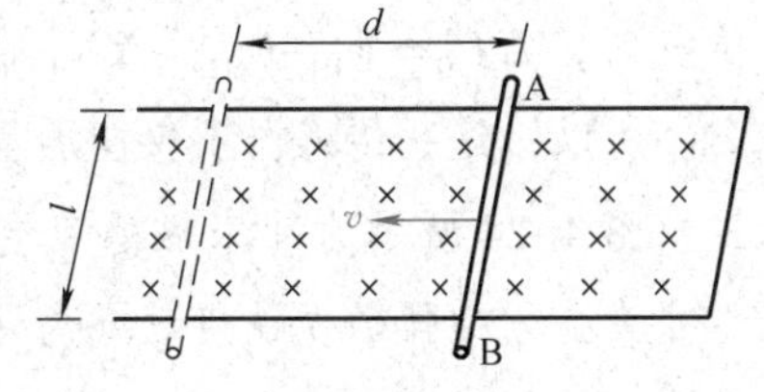

图 4–22

（2）设导体在 Δt 时间内左移距离为 d，则导

电回路中磁通的变化量为

$$\Delta\Phi = B\Delta S = Bld = Blv\Delta t$$

所以感应电动势

$$e = \frac{\Delta\Phi}{\Delta t} = \frac{Blv\Delta t}{\Delta t} = Blv$$

由此例可以看出，直导体是线圈不到一匝的特殊情况，右手定则是楞次定律的特殊形式，$e = Blv$（及 $e = Blv\sin\alpha$）也是法拉第电磁感应定律的特殊形式。一般来说，如果导体和磁感线之间有相对运动，用右手定则判断感应电流方向较为方便；如果导体与磁感线之间无相对运动，只是穿过闭合回路的磁通发生了变化，则可用楞次定律来判断感应电流的方向。

知识拓展

霍尔元件

如图 4–23a 所示，磁感应强度为 B 的磁场垂直作用于一块矩形半导体薄片，若在 a、b 方向通入电流 I，则在与电流和磁场垂直的方向上便会产生电压 U_H，这种现象称为霍尔效应。若改变 I 或 B，或两者同时改变，均会引起 U_H 的变化，利用这一原理可以将其制成各种传感器。

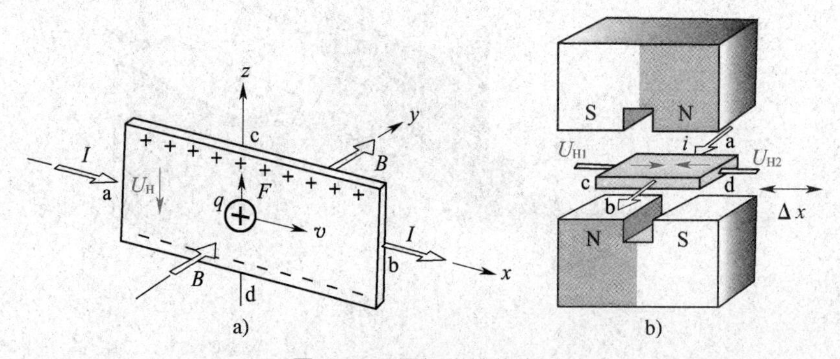

图 4–23　霍尔元件的应用

a）霍尔效应　b）利用霍尔元件制成的位置传感器

图 4–23b 所示为利用霍尔元件制成的位置传感器。霍尔元件置于两个相反方向的磁场中，当在 a、b 两端通入控制电流时，霍尔元件左右两半产生的电压 U_{H1} 和 U_{H2} 方向相反，设在初始位置时 $U_{H1} = U_{H2}$，输出电压为零。当霍尔元件相对于磁极做 x 方向位移时，$\Delta U_H = U_{H1} - U_{H2}$，$\Delta U_H$ 的数值正比于位移量 Δx，正负方向取决于 Δx 的方向。所以，这一传感器不仅能测量位移的大小，还能鉴别位移的方向。

图 4–24 所示为冲床磁感应电子计数器示意图。在冲头往复运动的过程中，安装于冲头上方的强磁磁铁接近或离开霍尔传感器时，会使霍尔元件受到感应，产生信号，并输入计数器进行计数。

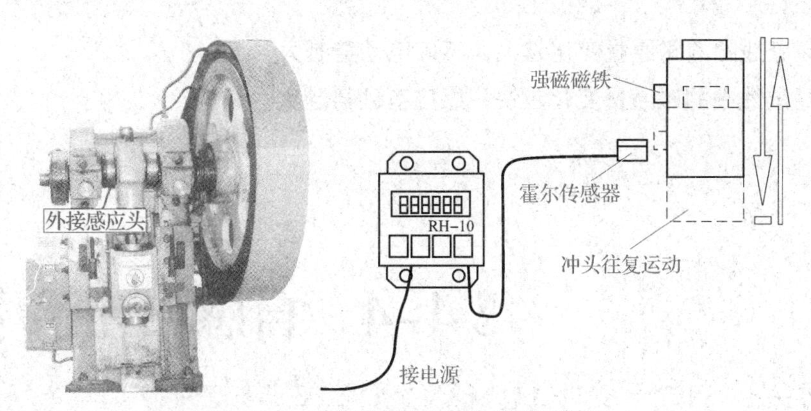

图 4-24 冲床磁感应电子计数器示意图

巩固练习

1. 如图 4-25 所示，将一条形磁铁插入或拔出线圈，标出电阻 R 上的电流方向，并以实验验证结果是否正确。

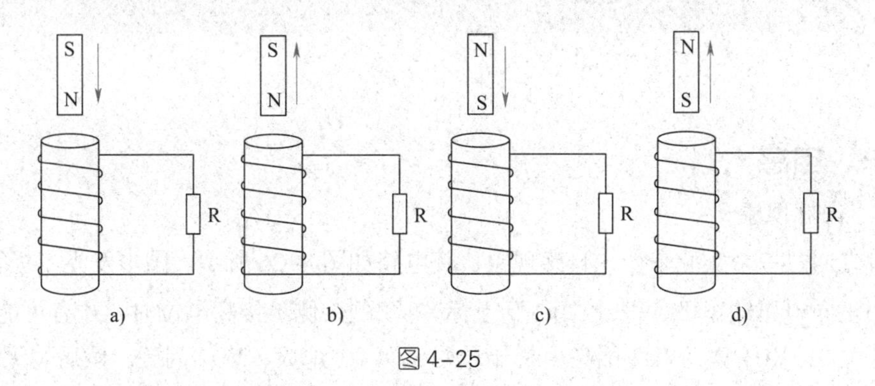

图 4-25

2. 以下说法对吗？为什么？

（1）导体中有感应电动势就一定有感应电流。

（2）导体中有感应电流就一定有感应电动势。

（3）只要线圈中有磁通穿过就会产生感应电动势。

（4）只要直导体在磁场中运动就会产生感应电动势。

（5）感应电流产生的磁场总是与原磁场方向相反。

（6）感应电流总是与原电流方向相反。

3. 关于电磁感应现象中通过线圈的磁通量与感应电动势的关系，下列说法中正确的是（　　）。

A. 穿过线圈的磁通量越大，感应电动势越大

B. 穿过线圈的磁通量为零，感应电动势一定为零

C. 穿过线圈的磁通量变化越大，感应电动势越大

D. 穿过线圈的磁通量变化越快，感应电动势越大

§4-4 自感和互感

学习目标

1. 了解自感现象、互感现象及其应用。
2. 理解自感系数和互感系数的概念。
3. 理解同名端的概念，能正确判断和测定互感线圈的同名端。

一、自感

1. 自感现象

首先通过一个实验来认识自感现象，其电路如图 4-26 所示。图中发光二极管只有在外加正向电压即正极（符号“”上标“+”的一侧）接高电位时，才有可能发光。合上开关 S，VD1 亮，VD2 不亮。断开开关 S，VD1 熄灭，VD2 闪亮，然后熄灭。

这是由于断开开关后，通过线圈 L 的电流突然减小，穿过线圈 L 的磁通也很快减少，线圈中必然要产生一个很强的感应电动势以阻碍这一趋势（根据楞次定律可以推断，其方向应能产生阻碍电流减小的效果，即如图中⊕、⊖所示）。虽然这时电源已被切断，但线圈 L 与 VD2 组成了回路，在这个电路中有较大的感应电流通过，所以 VD2 会突然闪亮。

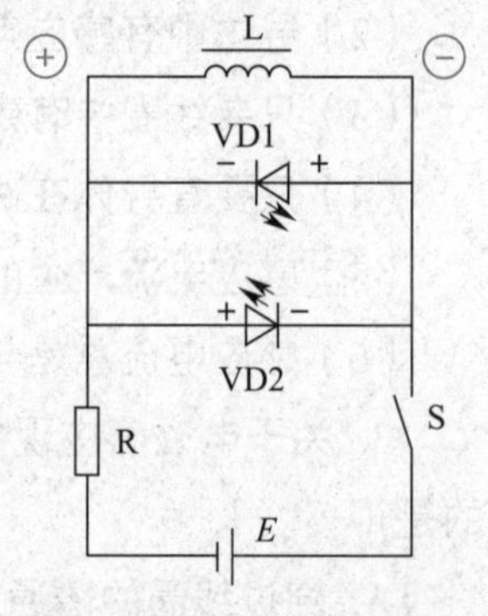

图 4-26　自感实验电路

从上述实验可以看出，当线圈中的电流发生变化时，线圈中就会产生感应电动势，这个电动势总是阻碍线圈中原来电流的变化。这种由于流过线圈自身的电流发生变化而引起的电磁感应现象称为**自感现象**，简称**自感**。在自感现象中产生的感应电动势称为**自感电动势**，用 e_L 表示，自

感电流用 i_L 表示。自感电动势的方向可结合楞次定律和右手螺旋定则来确定。

2. 自感系数

当线圈中通入电流后，这一电流使每匝线圈所产生的磁通称为自感磁通。同一电流通入结构不同的线圈时，所产生的自感磁通量是不相同的。为了衡量不同线圈产生自感磁通的能力，引入自感系数（又称电感）这一物理量，用 L 表示，它在数值上等于一个线圈中通过单位电流所产生的自感磁通。即

$$L = \frac{N\Phi}{I}$$

式中，N 为线圈的匝数，Φ 为每一匝线圈的自感磁通。

L 的单位是亨利，简称亨，用 H 表示。常采用的较小单位有毫亨（mH）和微亨（μH）。

一般高频电感器的电感较小，为 0.1 ~ 100 μH，低频电感器的电感为 1 ~ 30 mH。

线圈的电感是由线圈本身的特性决定的。线圈越长，单位长度上的匝数越多，截面积越大，电感就越大。有铁芯线圈的电感要比空心线圈的电感大得多。

3. 自感电动势的大小和方向

自感现象是一种特殊的电磁感应现象，它必然也遵从法拉第电磁感应定律。将 $N\Delta\Phi = L\Delta I$ 代入 $e = N\dfrac{\Delta\Phi}{\Delta t}$，可得自感电动势大小的计算式为

$$e_L = L\frac{\Delta I}{\Delta t}$$

上式表明，自感系数不变时，自感电动势的大小与电流的变化率成正比，电流变化率越大，自感电动势越大，反之亦然。所以电感 L 也反映了线圈产生自感电动势的能力。

自感电动势的方向应根据楞次定律判定。

自感现象在各种电气设备和无线电技术中有广泛的应用，例如，荧光灯镇流器就是应用线圈自感现象工作的。自感现象也有不利的一面，例如，在自感系数很大的电路（如大型电动机的定子绕组）中，在切断电路的瞬间，由于电流在很短的时间内发生很大的变化，会产生很高的自感电动势，使开关闸刀和固定夹片之间的空气电离从而产生电弧。这会烧坏开关，甚至危及人身安全。因此，切断这类电路必须采用特制的安全开关。

二、互感

1. 互感现象和互感系数

首先通过一个实验来认识互感现象，其电路如图 4–27 所示。图中 A 和 B 是可以双层放置的两只多匝线圈，将 A 线圈放置在 B 线圈中，B 线圈外接检流计，A 线圈外接滑动变阻器、开关和电源。在开关 S 闭合或断开瞬间以及改变 RP 的阻值时，检流计的指针都会发生偏转。这是因为当线圈 A 中的电流发生变化时，通过线圈的磁通也发生变化，该磁通的变化必然又影响线圈 B，使线圈 B 中产生感应电动势和感应电流。

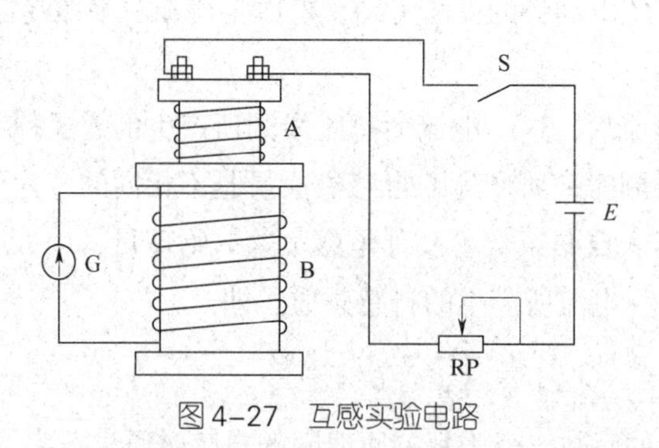

图 4–27　互感实验电路

这种由一个线圈中的电流发生变化而在另一线圈中产生电磁感应的现象称为互感现象，简称互感。由互感产生的感应电动势称为互感电动势，用 e_M 表示。

与自感类似，为描述一个线圈电流的变化在另一个线圈中产生互感电动势的能力，引入互感系数（简称互感）这一物理量，用 M 表示，互感的单位也是 H。

互感系数与两个线圈的匝数、几何形状、相对位置以及周围介质等因素有关。理论分析和实验验证都表明，无论是 A 线圈电流的变化在 B 线圈中产生互感电动势，还是 B 线圈电流的变化在 A 线圈中产生互感电动势，互感系数都是相等的。

2. 互感电动势的大小和方向

互感现象也是一种特殊的电磁感应现象，它必然也遵从法拉第电磁感应定律。互感电动势大小的计算式为

$$e_{2M} = N_2 \frac{\Delta \Phi_{12}}{\Delta t} = M \frac{\Delta I_1}{\Delta t}$$

式中 N_2 为发生互感现象的线圈匝数；$\Delta \Phi_{12}$ 为在 Δt 时间里，产生磁通的电流在发生互感现象的线圈中磁通量的变化量；M 为互感系数，ΔI_1 为产生磁通的电流的变化量。

互感电动势方向也应根据楞次定律判定。

3. 同名端

在电力传输和电子电路中，人们为了保证电路的安全性、独立性和匹配性，避免相邻回路间直接连接，经常利用互感现象将交变电流或交变电信号由一个回路传到另一个回路。在实际工作中，往往需要了解互感电动势的正负极性。为此，引入了“同名端”的概念。

由于线圈绕向一致而产生感应电动势的极性始终保持一致的端子称为线圈的同名端，用“·”或“*”表示。如图 4–28 中 1、4、5 就是一组同名端。下面分析在开关 SA 闭合瞬间各线圈感应电动势的极性。

开关 SA 闭合瞬间，A 线圈有电流 I 从 1 端流进，根据楞次定律，在 A 线圈两端产生自感电动势，极性为左正右负。利用同名端可确定 B 线圈的 4 端和 C 线圈的 5 端皆为互感电动势的正端。

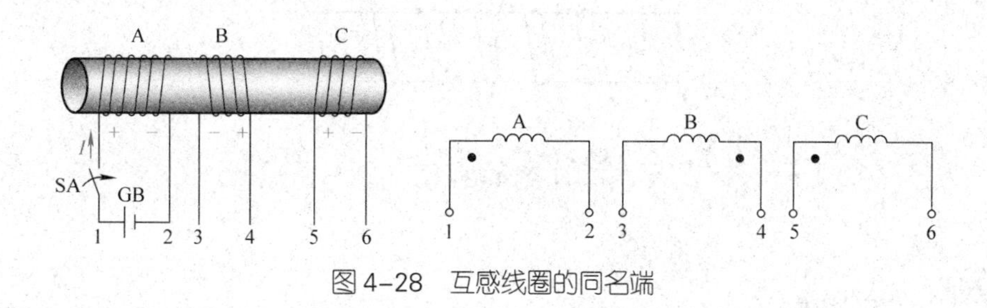

图 4-28 互感线圈的同名端

4. 互感线圈的连接

在实际应用中，对几个线圈做连接（如变压器各线圈的连接）时，必须考虑同名端的问题。

两个线圈的一对异名端相接（图 4-29）称为顺串，这时两个线圈的磁通方向是相同的。串接后的等效电感为

$$L_{顺} = L_1 + L_2 + 2M$$

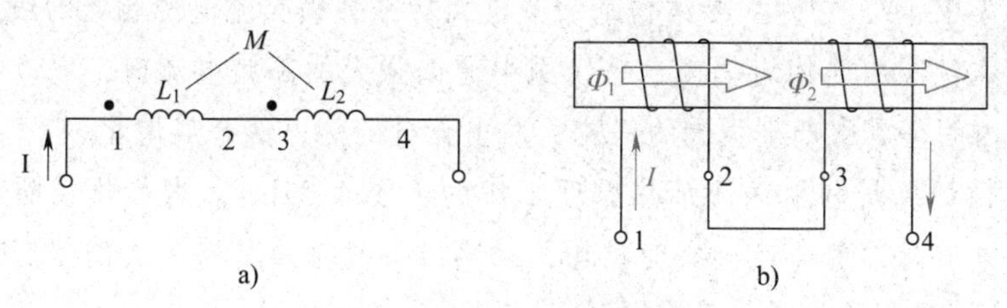

图 4-29 两个互感线圈顺串

有些具有中心抽头的线圈，要求两组线圈完全相同。为了满足这一要求，可以用两根相同的漆包线平行地绕在同一铁芯上，然后再把两个线圈的异名端接在一起作为中心抽头。

两个线圈的一对同名端相接（图 4-30），称为反串，这时两个线圈的磁通方向是相反的。串接后的等效电感为

$$L_{反} = L_1 + L_2 - 2M$$

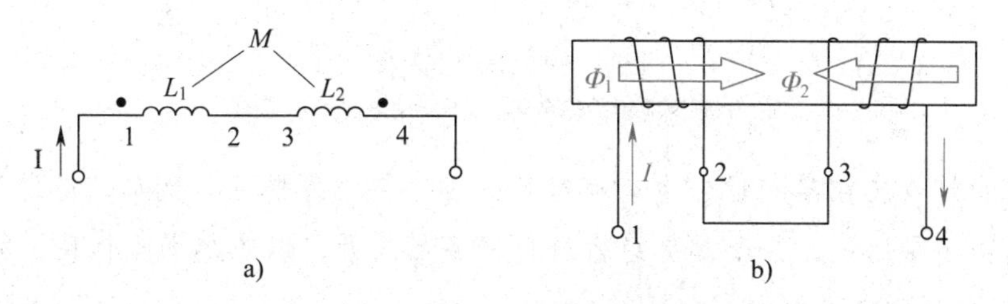

图 4-30 两个互感线圈反串

如果将两个相同线圈的同名端接在一起，则两个线圈所产生的磁通在任何时候都是大小相等而方向相反，因而相互抵消。这样接成的线圈就不会有磁通穿过。所以，在绕制电阻时，将电阻线对折，双线并绕（图 4-31），就可以制成无感电阻。

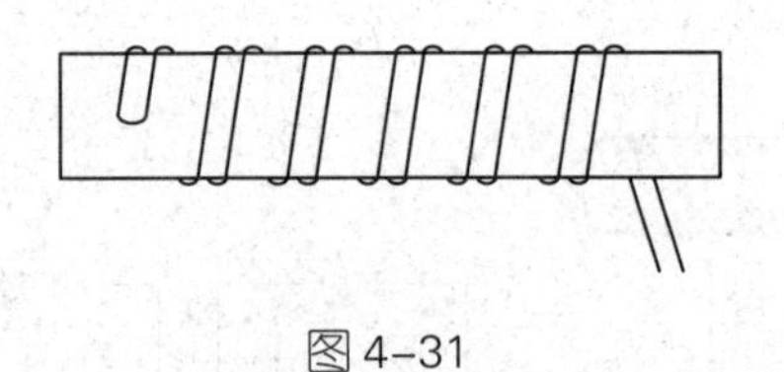

图 4–31

知识拓展

涡　流

在有铁芯的线圈中通入交流电时，就有交变的磁场穿过铁芯，这时会在铁芯内部产生自感电动势并形成电流，由于这种电流形如旋涡，故称涡流。

在工业生产中可以利用涡流产生高温使金属熔化，这种无接触加热的冶炼方法不仅效率高、速度快，而且可以避免金属在高温下氧化，利用涡流加热的电路称为高频感应炉（图 4–32a），它的主要结构是一个与大功率高频交流电源相接的线圈，被加热的金属就放在线圈中间的坩埚内，当线圈中通以强大的高频电流时，它产生的交变磁场能使坩埚内的金属中产生强大的涡流，发出大量的热，使金属熔化。

家用电磁炉也是利用涡流加热原理工作的（图 4–32b），当加热线圈中通入频率很高的交变电流时，就会产生交变磁场，磁感线穿过金属材料制成的锅底产生感应电流（涡流），于是锅就被加热了。

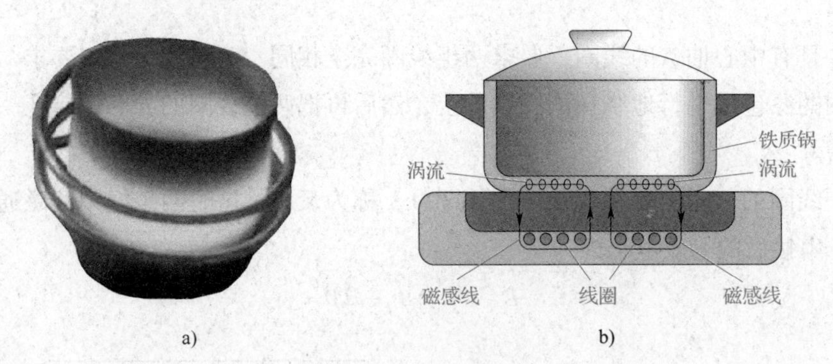

图 4–32　涡流的利用

a）高频感应炉冶炼金属　b）家用电磁炉示意图

涡流的热效应在某些场合也有有害的一面，要注意防止。例如，电源变压器的铁芯总是由多层组成，并用薄层绝缘材料将各层隔开，以减小涡流损耗，如图 4–33 所示。

互 感 器

互感器有两个或两个以上绕组，它利用互感原理使交流电从一个绕组传向另一个

（或几个）绕组，以实现电能或信号的“隔空”传递。各种变压器、电压互感器、电流互感器、钳形电流表等都是利用互感原理制成的。部分实物如图 4–34 所示。

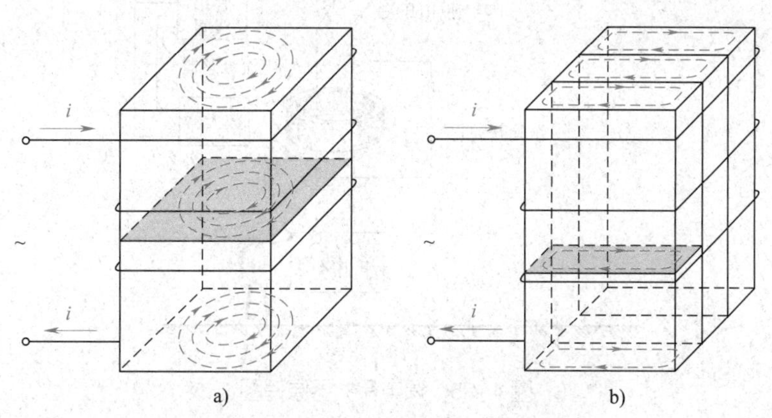

图 4–33　采用多层铁芯减小涡流损耗

a）单层铁芯涡流损耗大　b）多层铁芯涡流损耗小

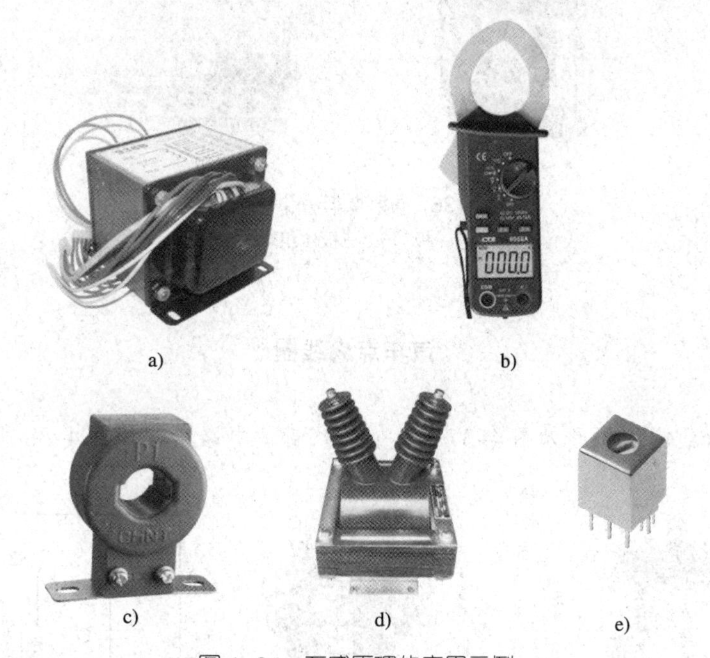

图 4–34　互感原理的应用示例

a）多绕组变压器　b）钳形电流表　c）电流互感器

d）电压互感器　e）收音机中的中频变压器

目前常用于保护用电安全的漏电保护器也利用了互感的原理，如图 4–35 所示。漏电保护器在主电路上接有一个电流互感器，两导线都从互感器环形铁芯窗口穿过。正常情况下，i_1 和 i_N 大小相等、方向相反，互感器二次侧无信号输出；当漏电时，漏电流 i_R 经人体到地形成回路，i_1 和 i_N 不再相等，互感器二次侧就会输出信号，此信号经放大后驱动脱扣线圈，使脱扣开关动作，切断电源。漏电保护器的外形如图 4–36 所示。

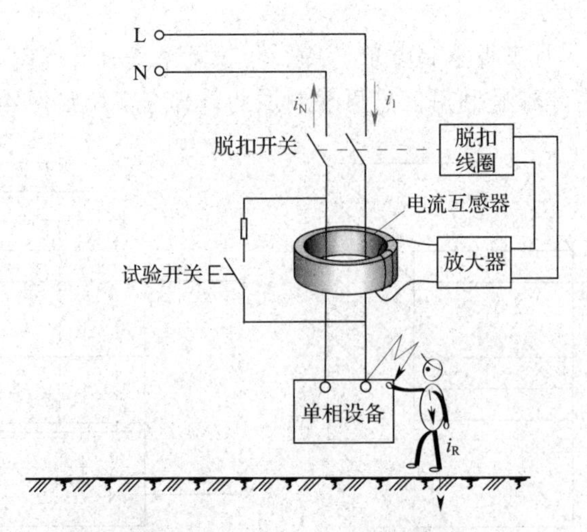

图 4-35　漏电保护器原理图

图 4-36　两种漏电保护器外形

a）二极　b）三极（组合式）

汽车点火线圈

汽车点火线圈的外形如图 4-37 所示，其内部的电路结构如图 4-38 所示。

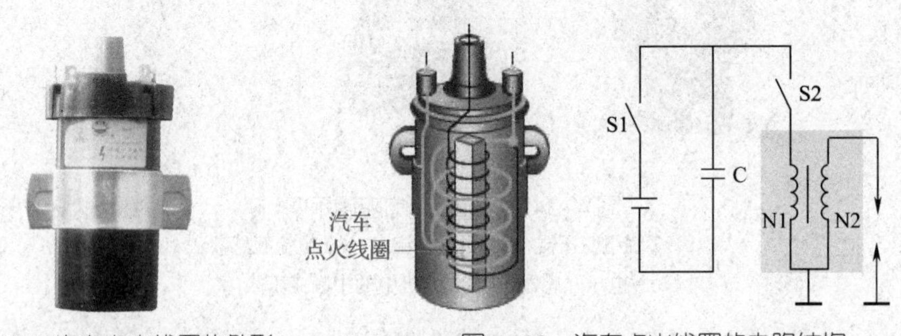

图 4-37　汽车点火线圈的外形　　图 4-38　汽车点火线圈的电路结构

汽车点火线圈里面有一次线圈和二次线圈两组线圈。一次线圈一端经开关装置（断电器）与车上低压直流电源正极连接，另一端与二次线圈一端连接后接地，二次线圈的另一端与高压线输出端连接输出高压电。

当一次线圈接通电源时，随着电流的增长周围产生一个很强的磁场，当开关装置使一次线圈电路断开时，一次线圈的磁通迅速减小，从而使二次线圈感应出很高的电压，将火花塞点火间隙间的燃油混合气击穿形成火花，点燃混合气做功。一次线圈中磁场消失速度越快，电流断开瞬间的电流越大，两个线圈的匝数比越大，则二次线圈感应出来的电压越高。

巩固练习

1. 简述自感现象与互感现象的异同点。

2. 图 4-39 所示为半导体收音机磁性线圈 L1、L2 及再生线圈 L3。根据图示线圈的绕法标出它们的同名端。

3. 如图 4-40 所示，绕在同一铁芯上的一对互感线圈，不知其同名端，现按图连接电路并测试，当开关突然接通时，发现电压表反向偏转。根据这一现象确定两线圈的同名端。

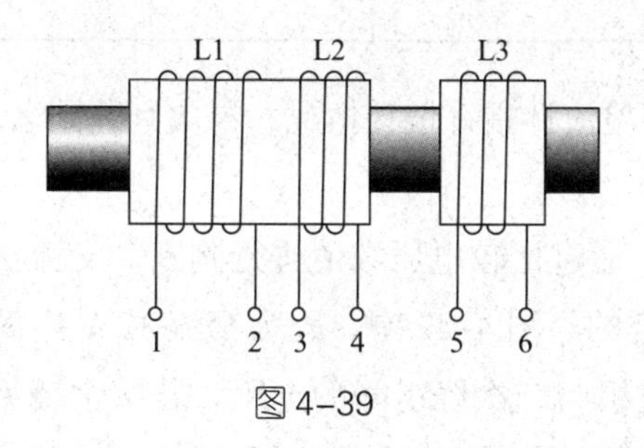

图 4-39

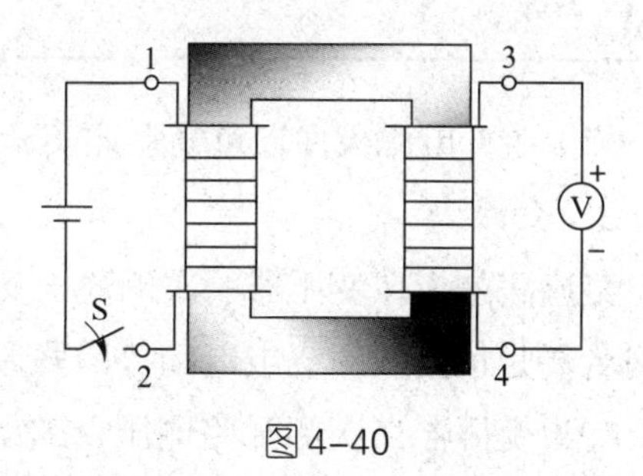

图 4-40

实验与实训 4　判别互感线圈的同名端

一、实验目的

能使用直流法和交流法判别互感线圈的同名端。

二、实验设备

小型电源变压器、检流计、电阻、开关、导线等。

三、实验步骤

1．直流法

取小型电源变压器一只，按图 4–41 所示接线，将一次绕组 A 与电阻 R 及开关 S 串联起来，再接上直流电源。二次绕组 B 接检流计。

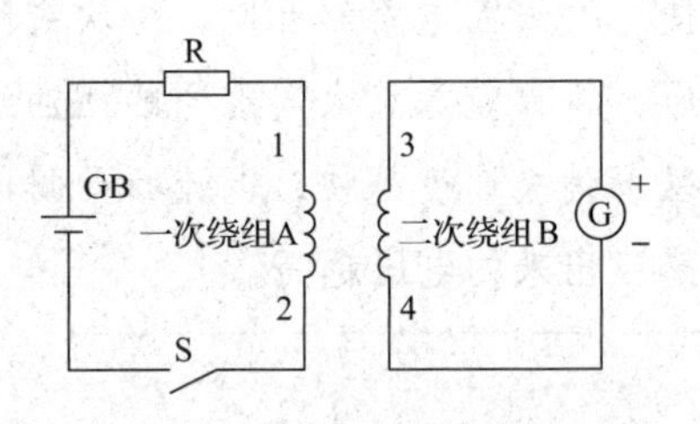

图 4–41　用直流法判断互感线圈同名端

（1）将开关S合上（合上时间不要太长）或断开，观察检流计指针偏转方向，将实验结果填入表 4–2。

表 4–2

开关 S 动作	检流计指针偏转方向	结论
合上		________、________（或________、________）为同名端
断开		

（2）改变电源极性，重复上述实验，观察检流计指针偏转情况，再次判断同名端。

2．交流法

交流法是指在变压器一次侧通入交流电，通过比较电压数值进行判断。交流法判断同名端是依据线圈绕组电动势串联原理实现的。图 4–42 中，u_1 为交流 12 V 电源电压，u_2 为变压器二次侧开路电压，u 为一次绕组与二次绕组间的电压。若两个绕组顺串（即异名端相连），则串联后所测总电压为两个绕组电压之和（图 4–42a）；若两个绕组反串（即同名端相连），则串联后所测总电压为两个绕组电压之差（图 4–42b）。据此即可判断同名端。

利用交流法重复前面的实验，比较测量结果。

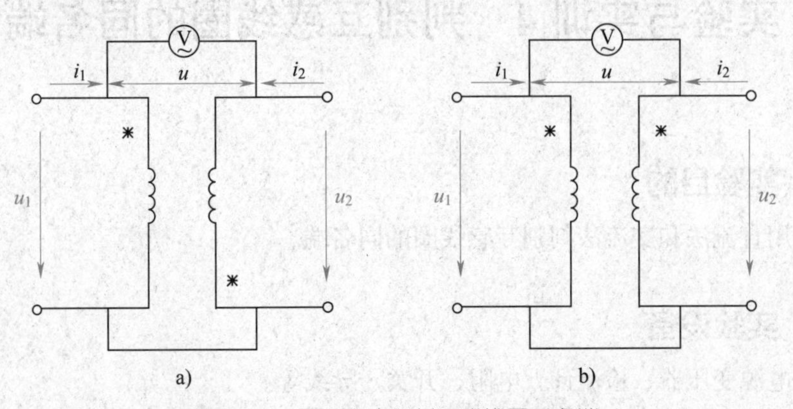

图 4–42　用交流法判断互感线圈同名端

a）电压表读数为 u_1 与 u_2 之和　b）电压表读数为 u_1 与 u_2 之差

选用不同的检测方法，所得结果应该相同，因为互感线圈的同名端是由线圈本身绕向所决定的，与检测方法无关。

§4-5 铁磁材料与磁路

学习目标

1. 理解铁磁材料的磁化以及磁化曲线、磁滞回线与铁磁材料性能的关系。
2. 了解铁磁材料的分类及应用。
3. 理解磁动势和磁阻的概念及磁路欧姆定律。
4. 了解电磁铁的组成及应用。

一、铁磁物质的磁化

使原来没有磁性的物质具有磁性的过程称为磁化。只有铁磁材料才能被磁化，而非铁磁性材料是不能被磁化的。这是因为铁磁物质可以看作由许多被称为磁畴的小磁体所组成。在无外磁场作用时，磁畴排列杂乱无章，磁性相互抵消，对外不显磁性；但在外磁场作用下，磁畴就会沿着外磁场方向变成整齐有序的排列，所以整体也就具有了磁性。

在实际应用中，通常利用电流产生的磁场来使铁磁材料磁化。例如，在通电线圈中放入铁芯，铁芯就被磁化了（图 4–43a）。当一个线圈的结构、形状、匝数都已确定时，线圈中的磁通 Φ 随电流 I 变化的规律可用 Φ—I 曲线来表示，称为磁化曲线，如图 4–43b 所示。它反映了铁芯的磁化过程。

当 $I=0$ 时，$\Phi=0$；当 I 增加时，Φ 随之增加。但 Φ 与 I 的关系是非线性的。

曲线 Oa 段较为陡峭，Φ 随 I 近似成正比增加。

b 点以后的部分近似平坦，这表明即使再增大线圈中的电流 I，Φ 也已近似不变了，铁芯磁化到这种程度称为磁饱和。

a 点到 b 点是一段弯曲的部分，称为曲线的膝部。这表明从未饱和到饱和是逐步过渡的。

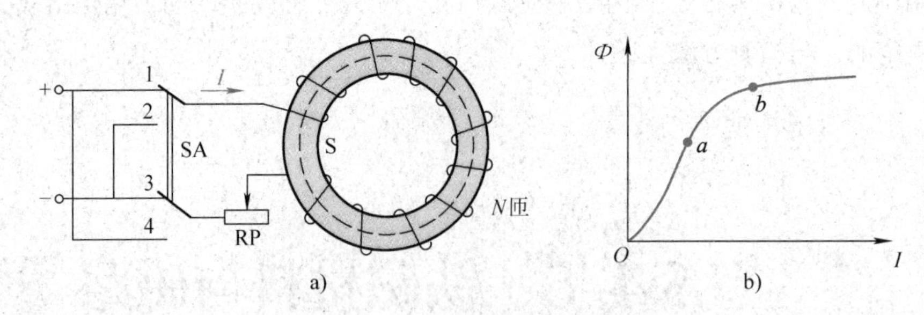

图 4–43　磁化实验与磁化曲线

a）利用电流产生的磁场磁化铁芯　b）磁化曲线

各种电器的线圈中，一般都装有铁芯以获得较强的磁场。而且在设计时，常常是将其工作磁通取在磁化曲线的膝部，以便使铁芯能在未饱和的前提下，充分利用其增磁作用。为了尽可能增强线圈中的磁场，还常将铁芯制成闭合的形状，使磁感线沿铁芯构成回路，如图 4–44 所示。

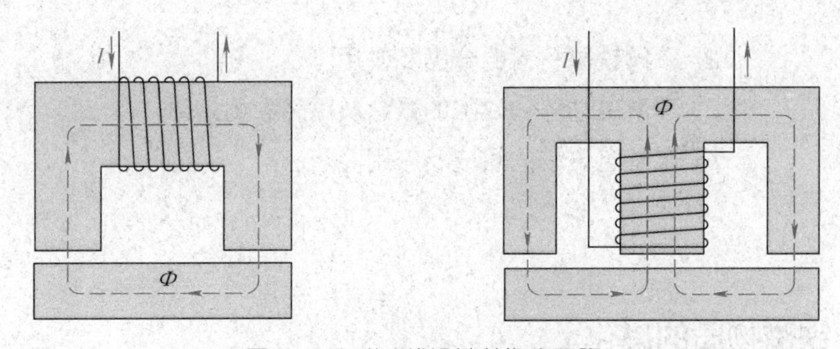

图 4–44　磁感线沿铁芯构成回路

在一个给定的线圈中，分别放入不同铁磁材料制成的相同形状的铁芯，它们的磁化曲线是不相同的，因此，可以借助磁化曲线对不同铁磁材料的磁化特性进行比较。

如果线圈通入交变电流，就会产生交变磁场，线圈中的铁芯也就会被反复磁化。在理想情况下，铁芯中的 Φ 应随线圈中的电流 I 不断重复地沿正、反两条磁化曲线变化（图 4–45a）。但实际并非如此，当线圈中电流变化到零时，由于磁畴存在惯性，铁心中的 Φ 并不为零，而是仍保留部分剩磁，如图 4–45b 中的 b、e 两点。此时必须加反向电流，并达到一定数值（图 4–45b 中 c、f 两点），才能使剩磁消失。上述现象称为磁滞，图 4–45b 中的封闭曲线称为磁滞回线。铁芯在反复磁化的过程中，由于要不断克服磁畴惯性，将损耗一定的能量，称为磁滞损耗，这将使铁芯发热。

平面磨床的电磁工作台在工件加工完毕后，需要在励磁线圈中通入短暂的反向电流以消除剩磁，然后才能取下工件。

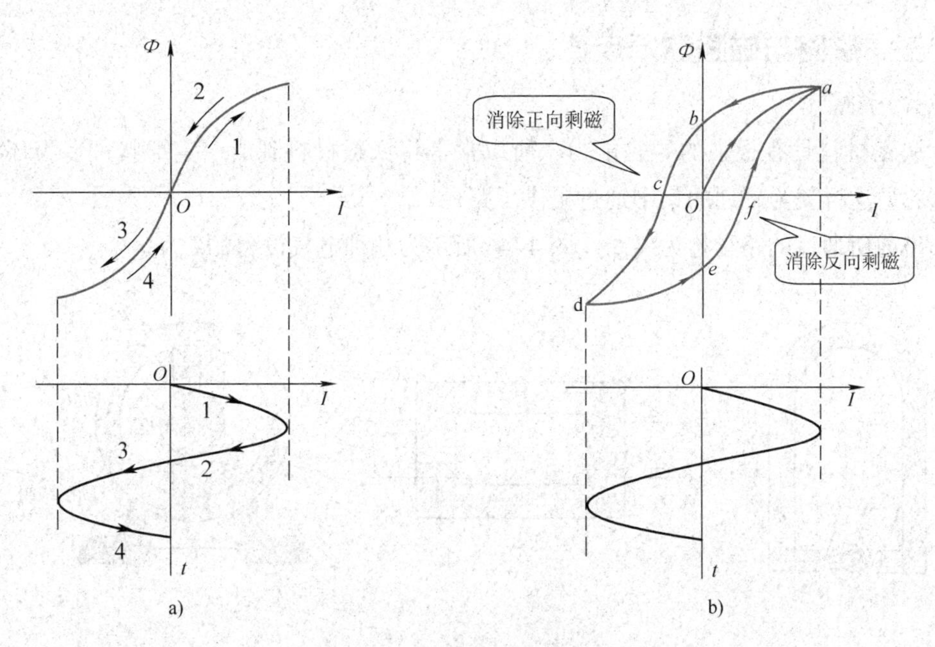

图 4-45 反复磁化和磁滞回线

a）理想情况 b）实际情况

二、铁磁材料的分类及应用

不同的铁磁材料具有不同的磁滞回线，它们的用途也不相同，一般可分为硬磁材料、软磁材料、矩磁材料三大类，见表 4-3。

表 4-3 铁磁材料的分类

名称	磁滞回线	特点	典型材料及用途
硬磁材料	Φ O I	不易磁化 不易退磁	碳钢、钴钢等，适合制作永久磁铁，如扬声器的磁钢
软磁材料	Φ O I	容易磁化 容易退磁	硅钢、铸钢、铁镍合金等，适合制作电机、变压器、继电器等设备中的铁芯
矩磁材料	Φ O I	很易磁化 很难退磁	锰镁铁氧体、锂锰铁氧体等，适合制作磁带、计算机的磁盘

三、磁路与磁路欧姆定律

1. 磁路

铁磁材料具有很强的导磁能力，所以常常将铁磁材料制成一定形状（多为环状）的铁芯，这样就为磁通的集中通过提供了路径。

磁通所通过的路径称为磁路。图 4–46 所示为几种电气设备的磁路。

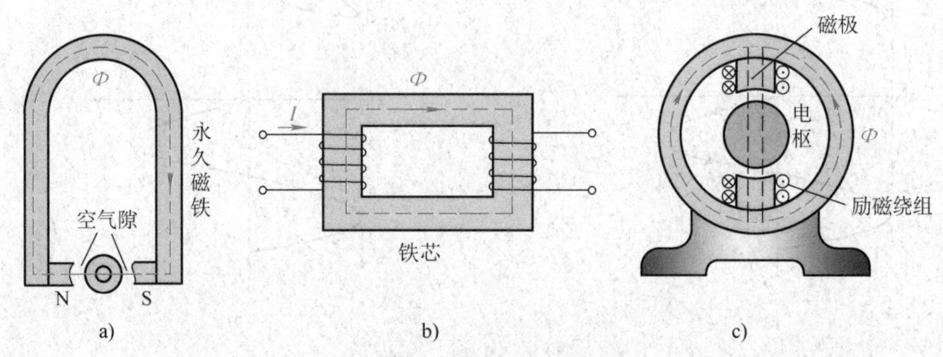

图 4–46　几种电气设备的磁路

a）磁电系仪表　b）变压器　c）电动机

磁路可分为无分支磁路和有分支磁路。如图 4–46 中，a 和 b 为无分支磁路，c 为有分支磁路。磁路中除铁芯外往往还有一小段非铁磁材料，如空气隙等。由于磁感线是连续的，所以通过无分支磁路各处横截面的磁通是相等的。

利用铁磁材料可以尽可能地将磁通集中在磁路中，但是与电路比较，磁路的漏磁现象要比电路的漏电现象严重得多。全部在磁路内部闭合的磁通称为主磁通，部分经过磁路周围物质而自成回路的磁通称为漏磁通（图 4–47）。在漏磁不严重的情况下可将其忽略，只考虑主磁通。

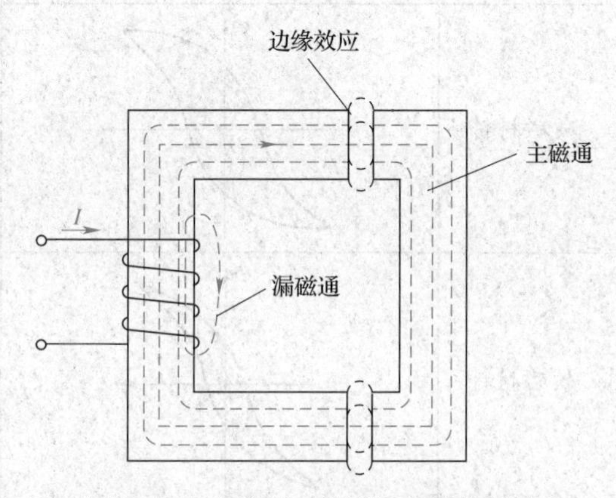

图 4–47　主磁通、漏磁通和边缘效应

由于制造工艺和结构上的原因，磁路中常有气隙，当气隙很小时，气隙中的磁感线是平行而均匀的，只有极少数磁感线扩散出去形成所谓的边缘效应。

通电线圈的匝数越多，电流越大，磁场越强，磁通也就越大。通过线圈的电流 I 和线圈匝数 N 的乘积称为磁动势，用 F_m 表示，即

$$F_m = NI$$

磁动势的单位是安培（A）。

电路中有电阻，磁路中也有磁阻。磁阻就是磁通通过磁路时所受到的阻碍作用，

用符号 R_m 表示。与导体的电阻相似，磁路中磁阻的大小与磁路的长度 l 成正比，与磁路的横截面积 S 成反比，并与组成磁路材料的磁导率有关，其公式为

$$R_m = \frac{l}{\mu S}$$

式中 μ、L、S 的单位分别为 H/m、m、m^2，磁阻 R_m 的单位为 H^{-1}。

2. 磁路欧姆定律

通过磁路的磁通与磁动势成正比，而与磁阻成反比，即

$$\Phi = \frac{F_m}{R_m}$$

上式与电路的欧姆定律表达式相似，故称磁路欧姆定律。

应当指出，式中的磁阻 R_m 是指整个磁路的磁阻，如果磁路中有空气隙，由于空气隙的磁阻远比铁磁材料的磁阻大，整个磁路的磁阻会大大增加，若要有足够的磁通，就必须增大励磁电流或增加线圈的匝数，即增大磁动势。

由于铁磁材料磁导率是非线性的，磁阻 R_m 不是常数，所以磁路欧姆定律只能对磁路做定性分析。

由以上分析可知，磁路中的某些物理量与电路中的某些物理量有对应关系，而且磁路中某些物理量之间的关系也与电路中某些物理量之间的关系相似。磁路和电路的比较见表 4-4。

表 4-4　磁路和电路的比较

磁路	电路
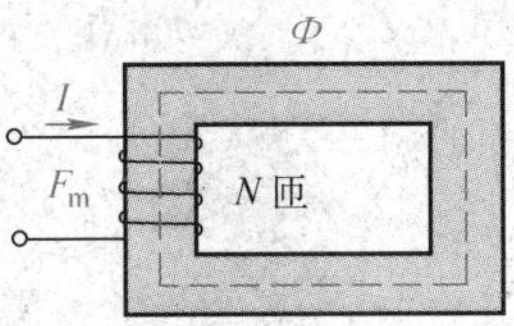 Φ　I　F_m　N 匝	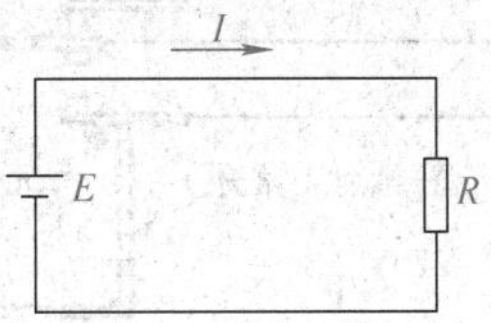 I　E　R
磁动势 $F_m = NI$	电动势 E
磁通 Φ	电流 I
磁阻 $R_m = \frac{l}{\mu S}$	电阻 $R = \rho \frac{l}{S}$
磁导率 μ	电阻率 ρ
磁路欧姆定律 $\Phi = \frac{F_m}{R_m}$	电路欧姆定律 $I = \frac{E}{R}$

四、电磁铁

电磁铁是利用通有电流的铁芯线圈对铁磁性物质产生电磁吸力的装置，其常见结构形式如图 4–48 所示。它们都是由线圈、铁芯和衔铁三个基本部分组成。工作时线圈通入励磁电流，在铁芯气隙中产生磁场，吸引衔铁，断电时磁场消失，释放衔铁。

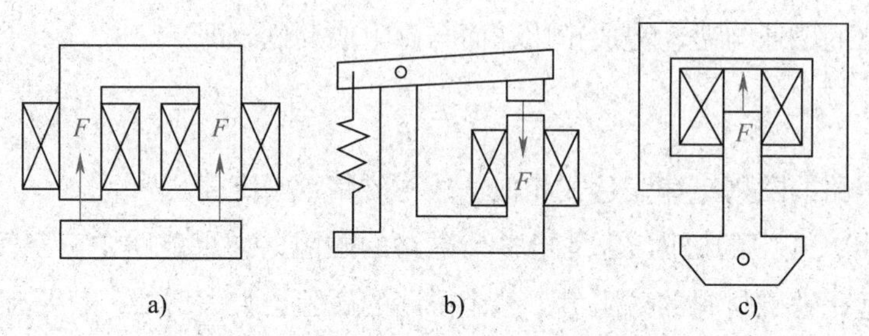

图 4–48 电磁铁的几种结构形式

a）马蹄式（起重电磁铁） b）拍合式（继电器） c）螺管式（电磁阀）

电磁铁的应用很广泛，如继电器、接触器、电磁阀等。图 4–49 所示为利用电磁铁制成的电磁继电器。闭合低压控制电路中的开关 S，电磁铁线圈通电，动触点与静触点（图中常开触点）接触，工作电路闭合，电动机转动。当断开开关 S 时，电磁铁磁性消失，在弹簧力作用下，动、静触点脱开，电动机停转。利用电磁继电器可以实现用低电压、弱电流的控制电路来控制高电压、强电流的工作电路，并且能实现遥控和生产自动化。

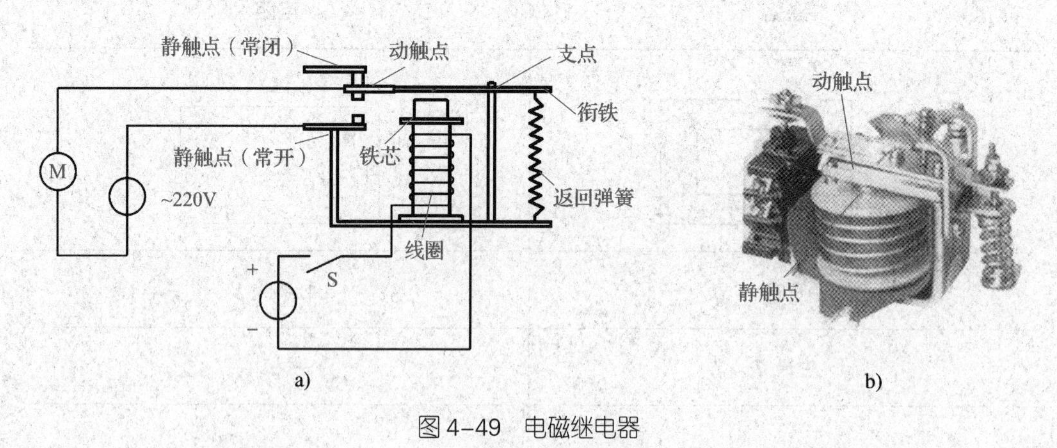

图 4–49 电磁继电器

a）原理示意 b）实物

图 4–50 所示为起重电磁铁和平面磨床电磁吸盘，其原理相似。

电磁铁按励磁电流的不同，分为直流电磁铁和交流电磁铁。直流电磁铁和交流电磁铁的主要区别见表 4–5。

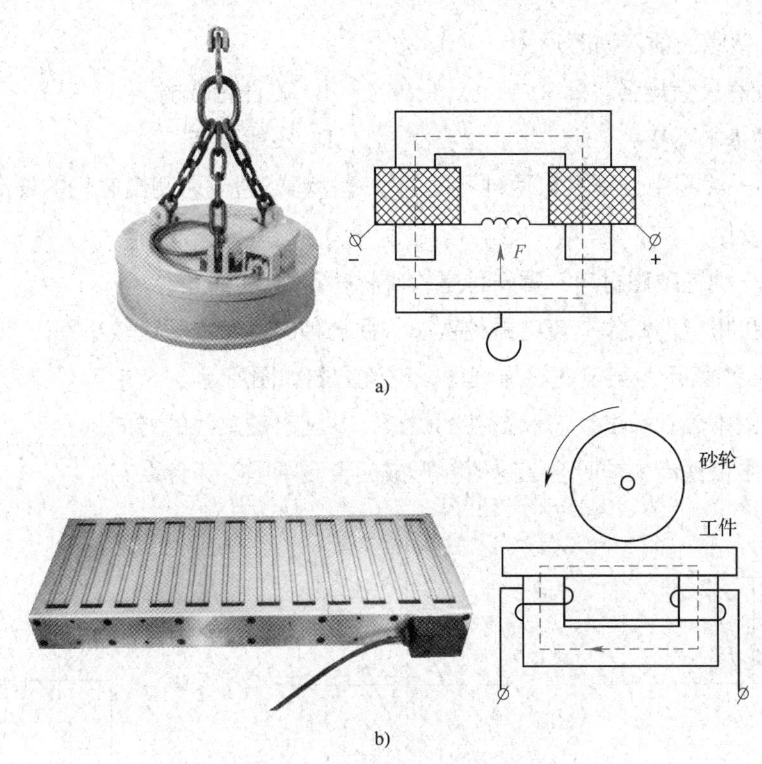

图 4–50 起重电磁铁和平面磨床电磁吸盘

a）起重电磁铁 b）平面磨床电磁吸盘

表 4–5 直流电磁铁和交流电磁铁的比较

	直流电磁铁	交流电磁铁
空气隙对励磁电流的影响	励磁电流不变，与空气隙无关	励磁电流随空气隙的增大而增大
磁滞损耗和涡流损耗	无	有
吸力	恒定不变	脉动变化
铁芯结构	由整块铸钢或工业纯铁制成	由多层彼此绝缘的硅钢片叠成

即使是额定电压相同的交、直流电磁铁，也绝不能互换使用。若将交流电磁铁接在直流电源上使用，励磁电流要比接在相同电压的交流电源上时的电流大许多倍，从而烧坏线圈。若将直流电磁铁接在交流电源上，则会因为线圈本身阻抗太大，使励磁电流过小而吸力不足，致使衔铁不能正常工作。

巩固练习

1. 平面磨床的电磁工作台在工件加工完毕后，需要在励磁线圈中通入短暂的反向电流，这样才能取下工件，为什么？

2. 为减小剩磁，继电器线圈的铁芯应采用（　　）。

A. 硬磁性材料　　B. 非磁性材料　　C. 软磁性材料　　D. 矩磁性材料

3. 空心线圈被插入铁芯后（　　）。

A. 磁性将大大增强　　B. 磁性将减弱

C. 磁性基本不变　　D. 不能确定

4. 在同一线圈中分别放入两种不同的铁磁材料，通电后测出它们的磁滞回线如图 4–51 所示，问：

（1）哪一种是硬磁材料？哪一种是软磁材料？

（2）如果用它们制作交流电器的铁芯，哪一种的磁滞损耗比较小？

5. 图 4–52 所示为某电磁铁原理图，电流方向如图所示。

（1）在图中分别标出铁芯和衔铁的磁极，并画出磁感线的方向。

（2）图中衔铁尚未被吸合，这时能形成闭合磁路吗？为什么？

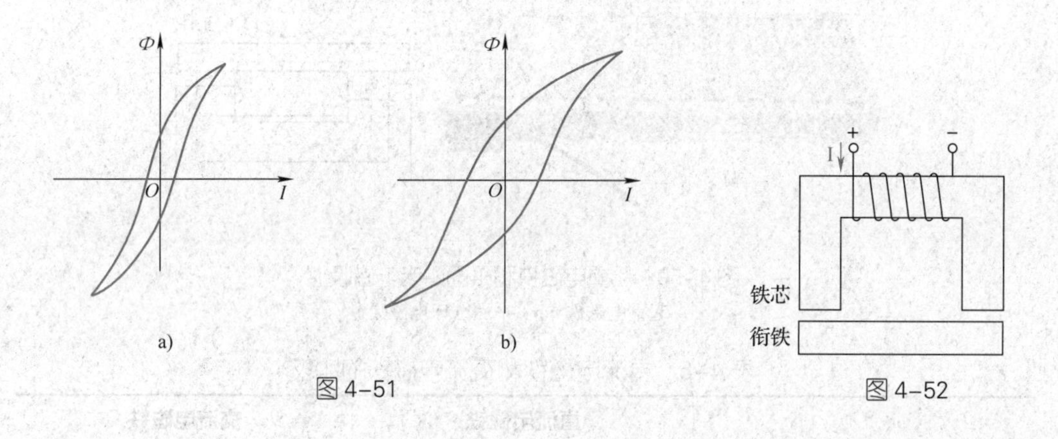

图 4–51　　图 4–52

本章小结

1. 磁铁周围和电流周围都存在着磁场。磁感线能形象地描述磁场，是互不交叉的闭合曲线，在磁体外部由 N 极指向 S 极，在磁体内部由 S 极指向 N 极。磁感线上一点的切线方向表示该点的磁场方向。

2. 电流产生的磁场方向可用安培定则判断。磁场对处在其中的载流导体有作用力，其方向用左手定则判断，电磁力的大小为 $F = BIl\sin\alpha$，式中 α 为载流直导体与磁感应强度方向的夹角。

3. 磁场与磁路的基本物理量见表 4–6。

4. 产生感应电动势的条件是线圈中的磁通发生变化或导体相对磁场运动而切割磁感线。直导体切割磁感应线产生的感应电动势方向用右手定则来判断，其大小为 $e = Blv\sin\alpha$ 。

表 4-6 磁场与磁路的基本物理量

名称	符号	定义式	意义	单位
磁通	Φ	$\Phi = BS$	描述磁场在某一范围内的分布及变化情况	Wb
磁感应强度	B	$B = \dfrac{\Phi}{S}$	描述磁场中某点处磁场的强弱	T
磁导率	μ	μ_0 真空磁导率 μ_r 相对磁导率 $\mu_r = \dfrac{\mu}{\mu_0}$	表示物质对磁场影响程度，也即表明物质的导磁能力，非铁磁物质的 μ 是一个常数，而铁磁物质的 μ 不是常数	H/m
磁动势	F_m	$F_m = NI$	描述磁路中产生磁通的条件和能力	A
磁阻	R_m	$R_m = \dfrac{1}{\mu S}$	描述磁路对磁通的阻力，它由磁路的材料、形状及尺寸所决定	H^{-1}

5. 楞次定律：感应电流的磁场总要阻碍引起感应电流的磁通的变化。

法拉第电磁感应定律：线圈中感应电动势的大小与磁通的变化率成正比，即$e = N\dfrac{\Delta\Phi}{\Delta t}$。通常用此式计算感应电动势的大小，而用楞次定律来判别感应电动势的方向。

6. 由于流过线圈自身的电流变化而引起的电磁感应现象称为自感。自感系数不变时，自感电动势的大小与电流的变化率成正比，即 $e_L = L\dfrac{\Delta I}{\Delta t}$。

7. 互感是一个线圈中的电流发生变化而在另一线圈中产生电磁感应的现象。互感电动势的大小为 $e_{2M} = M\dfrac{\Delta I_1}{\Delta t}$。它表明，互感系数不变时，一个线圈中互感电动势的大小，正比于另一个线圈中电流的变化率。互感电动势的方向利用同名端判别较为简便。

8. 使原来没有磁性的物质具有磁性的过程称为磁化，只有铁磁材料才能被磁化。铁磁物质根据其磁滞回线不同可分为软磁材料、硬磁材料、矩磁材料。

9. 磁路中的磁通、磁动势和磁阻之间的关系，可用磁路欧姆定律表示，即：

$$\Phi = \frac{F_m}{R_m}$$

其中，$F_m = NI$；$R_m = \dfrac{1}{\mu S}$。

第五章
单相交流电路

§5-1 交流电的基本概念

学习目标

1. 了解正弦交流电的产生和特点。
2. 理解正弦交流电的有效值、频率、初相位及相位差的概念。
3. 掌握正弦交流电的三种表示方法。

大多数家用电器，如电风扇、洗衣机、空调器等，都是使用 220 V/50 Hz 交流电源的；还有一些设备，如手机、电动车，虽然要由直流电源供电，但它们的充电器也都是将 220 V 交流电转变为所需的直流电；而电视机、计算机、音响设备等则是将直流电源作为整机电路的一部分，接通 220 V 交流电后，便可自行将 220 V 交流电转变为所需要的直流电（图 5-1）。

一、交流电的概念

交流电与直流电的根本区别是：**直流电的方向不随时间的变化而变化，交流电的方向则随时间的变化而变化。**电源只有一个交变电动势的交流电称为**单相交流电**。

下面以示波器显示的不同波形为例做一比较。

图 5-2a 所示为某直流电源的电压波形，其大小和方向都不随时间变化，是稳恒直流电。

图 5-2b 所示为某信号发生器输出的信号电压，其大小和方向都按正弦规律变化，所以称为**正弦交流电**。

实际应用的交流电并不仅限于正弦交流电，如图 5-2c 所示锯齿波电流、图 5-2d 所示方波信号等，它们都是**非正弦交流电**。非正弦交流电可以认为是一系列正弦交流电叠加合成的结果，所以正弦交流电也是研究非正弦交流电的基础。

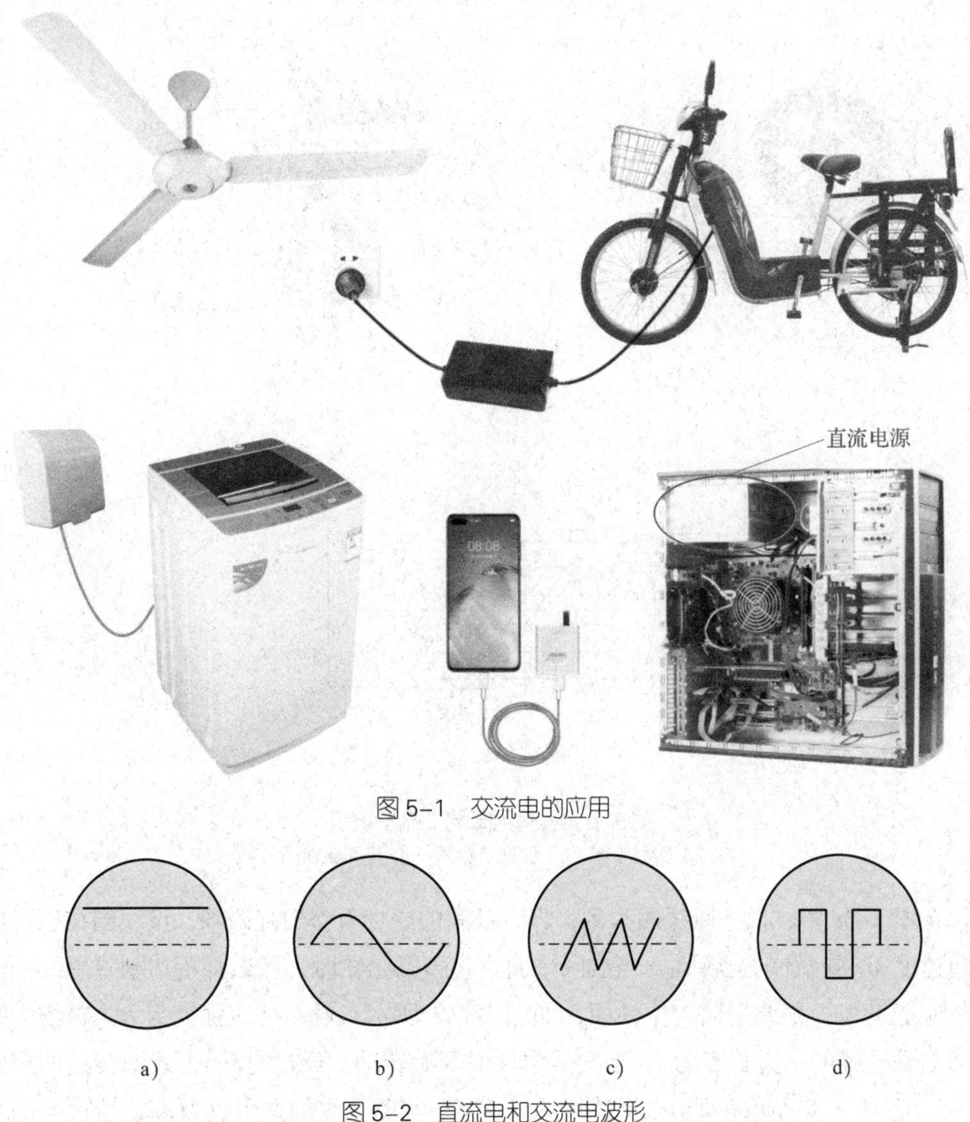

图 5-1　交流电的应用

图 5-2　直流电和交流电波形

a）稳恒直流电　b）正弦交流电　c）电视机显像管的锯齿波电流　d）计算机中的方波信号

以后如果没有特别说明，本书中所讲的交流电都是指正弦交流电。

二、正弦交流电的产生

交流电可以由交流发电机提供，也可由振荡器产生。交流发电机主要是提供电能，振荡器主要是产生各种交流信号。

图 5-3a 和图 5-3b 所示为一种实验用简易交流发电机实物模型和原理示意图，图 5-3c 所示为其转子线圈的截面图。当线圈在磁场转动时，由于导线切割磁感线，线圈将产生感应电动势，其过程如图 5-4 所示。用示波器观察波形可知，线圈中产生的是正弦交流电。

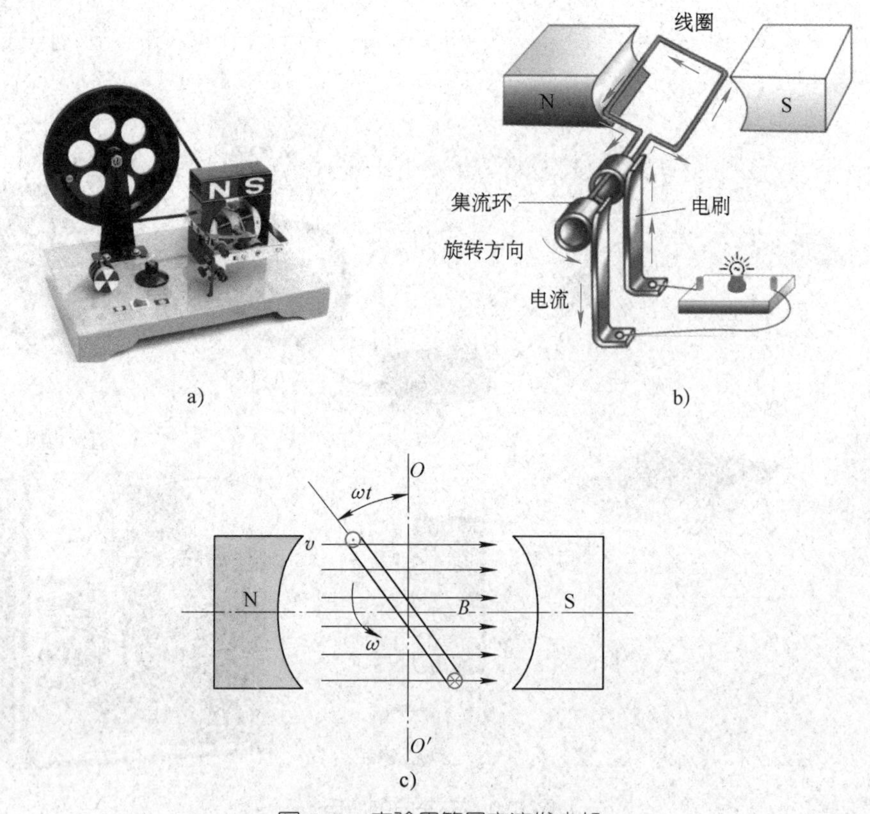

图5-3　实验用简易交流发电机

a）实物模型　b）原理示意图　c）线圈截面图

在图5-3c中，以一匝线圈为例，将磁极间的磁场看作匀强磁场，设线圈在磁场中以角速度ω逆时针匀速转动，当线圈平面垂直于磁感线时，各边都不切割磁感线，没有感应电动势，称此平面为中性面，如图中OO'所示。设磁感应强度为B，磁场中线圈切割磁感线的一边长度为l，平面从中性面开始转动，经过时间t，线圈转过的角度为ωt，这时，其单侧线圈切割磁感线的线速度v与磁感线的夹角也为ωt，所产生的感应电动势为$e'=Blv\sin\omega t$。所以整个线圈所产生的感应电动势为

$$e = 2Blv\sin\omega t$$

$2Blv$为感应电动势的最大值，设为E_m，则

$$e = E_m\sin\omega t$$

上式为正弦交流电动势的**瞬时值表达式**，也称**解析式**。若从线圈平面与中性面成一夹角φ_0时开始计时，则公式变为

$$e = E_m\sin(\omega t + \varphi_0)$$

正弦交流电压、电流等表达式与此相似。

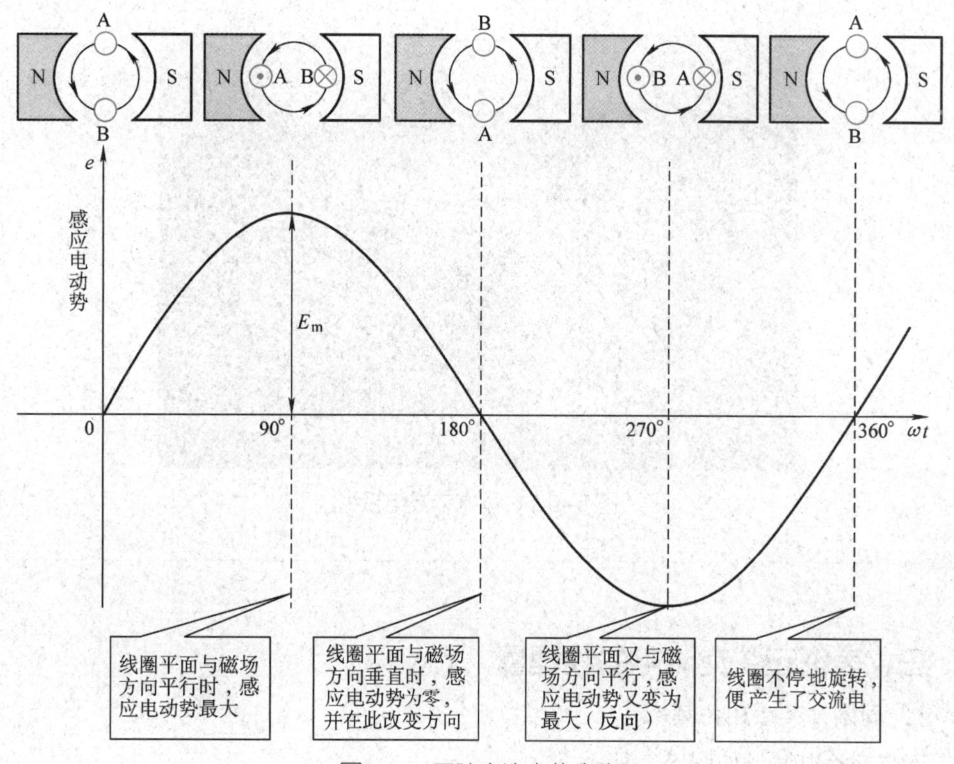

图 5–4　正弦交流电的产生

知识拓展

实际应用的发电机

实际应用的发电机构造比较复杂（图 5–5），线圈匝数很多，而且嵌在硅钢片制成的铁芯上，称为电枢；磁极一般也不只是由一对电磁铁构成。由于电枢电流较大，如果采用旋转电枢式，电枢电流必须经裸露的集电环和电刷引到外电路，这样很容易发生火花放电，使集电环和电刷烧坏，所以不能提供较高的电压和较大的功率。一般旋转电枢式发电机提供的电压不超过 500 V。大型发电机常采用旋转磁极式，即电枢不动而使磁极旋转。其定子绕组不用电刷与外电路接触，能提供很高的电压和较大的功率。图 5–6 所示为大型水力发电机组。

图 5–5　旋转磁极式发电机

图 5-6　大型水力发电机组

三、表征正弦交流电的物理量

1. 周期、频率和角频率

正弦交流电波形如图 5-7 所示。

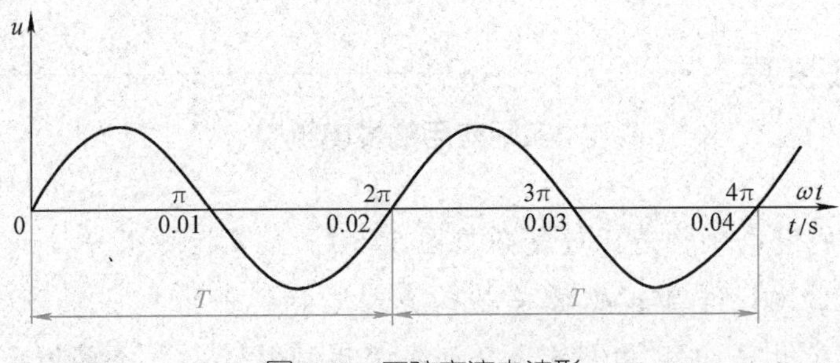

图 5-7　正弦交流电波形

（1）周期

正弦交流电每重复变化一次所需的时间称为**周期**，用符号 T 表示，单位是秒（s）。图 5-7 所示交流电的周期为 0.02 s。

（2）频率

正弦交流电在 1 s 内重复变化的次数称为**频率**，用符号 f 表示，单位是赫兹（Hz）。

根据定义可知，周期和频率互为倒数，即

$$f=\frac{1}{T}\quad 或\ T=\frac{1}{f}$$

我国和多数国家电网标准频率为 50 Hz（习惯上称为**工频**），少数国家采用 60 Hz 的频率。

小提示

经验表明，在各种触电事故中，直流电、高频和超高频电流对人体的伤害程度相对较小，而最常用的50 Hz工频交流电流对人体的伤害最大，因此使用时应特别小心。

（3）角频率

正弦交流电每秒内变化的电角度（每重复变化一次所对应的电角度为2π，即360°）称为角频率，用符号 ω 表示，单位是弧度每秒（rad/s）。角频率与周期、频率的关系为：

$$\omega = \frac{2\pi}{T} = 2\pi f$$

例如，50 Hz所对应的角频率是100π rad/s，即约314 rad/s。

引入角频率 ω 后，相应正弦交流电波形的横坐标也就用 ωt 表示。

2．最大值、有效值和平均值

（1）最大值

正弦交流电在一个周期所能达到的最大瞬时值称为正弦交流电的最大值（又称峰值、幅值）。最大值用大写字母加下标m表示，如 E_m、U_m、I_m。

从正弦交流电的反向最大值到正向最大值称为峰－峰值，用 U_{P-P} 表示。显然，正弦交流电的峰－峰值等于最大值的2倍（图5–8）。在示波器上读取正弦交流电的峰－峰值较为方便，这样不必确定零点即可知正弦交流电的最大值。测得电压峰－峰值后，由 $U_{P-P}=2U_m$ 即可得：

$$U_m = \frac{1}{2}U_{P-P}$$

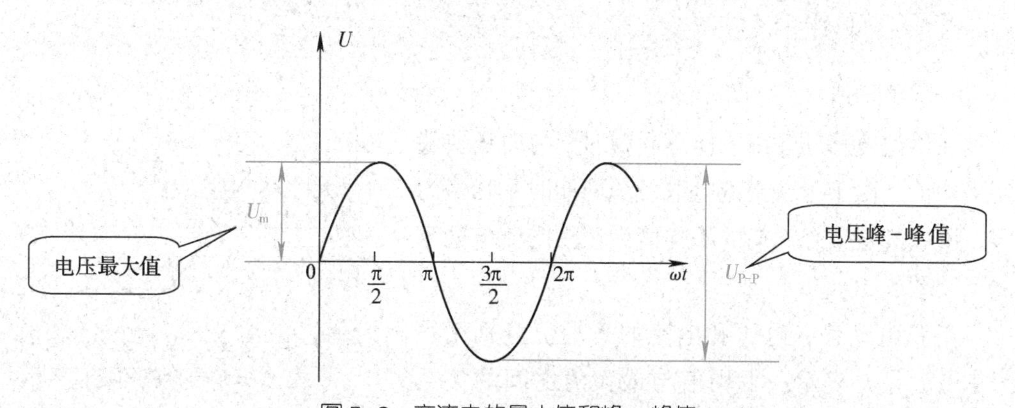

图5–8 交流电的最大值和峰－峰值

（2）有效值

交流电的大小是随时间变化的，那么，当我们研究交流电的功率时，应该用什么来表示交流电的平均效果呢？可设计如下实验：取两只完全相同的电水壶，装入温度、质量相同的水（图 5-9）。电水壶分别接通交流电和稳恒直流电，如果两壶水在相同的时间内被烧开，说明它们产生的热效应是相同的。此时，这一稳恒直流电的数值就称为该交流电的有效值。

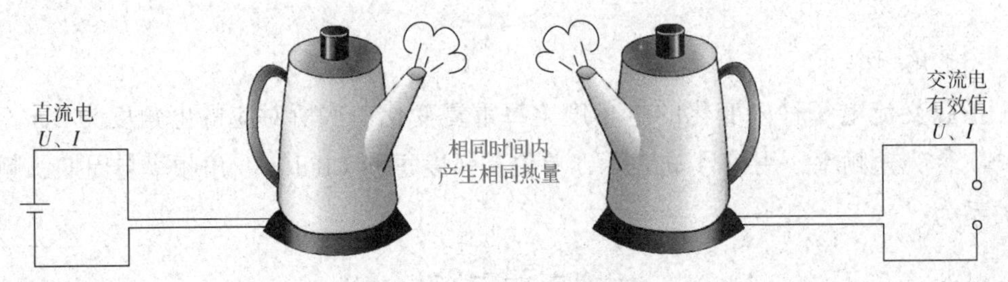

图 5-9 交流电的有效值

为了使有效值的概念更为准确，对交流电的有效值是以一个周期来定义的：让交流电和稳恒直流电分别通过大小相同的电阻，如果在交流电的一个周期内它们产生的热量相等，而这个稳恒直流电的电压是 U，电流是 I，我们就把 U、I 称为相应交流电的有效值。有效值用大写字母表示，如 E、U、I。

正弦交流电的有效值和最大值之间有如下关系：

$$I=\frac{I_{\mathrm{m}}}{\sqrt{2}}\approx 0.707I_{\mathrm{m}}$$

$$U=\frac{U_{\mathrm{m}}}{\sqrt{2}}\approx 0.707U_{\mathrm{m}}$$

小提示

电工仪表测出的交流电数值及通常所说的交流电数值一般都是指有效值。

（3）平均值

在讨论电路的输出电压等问题时，有时还要使用平均值。由于正弦交流电取一个周期时平均值为零，所以规定半个周期的平均值为正弦交流电的平均值（图 5-10）。

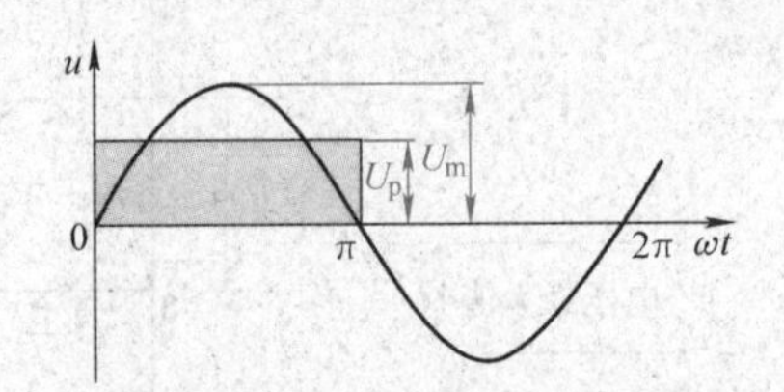

图 5-10 正弦交流量的平均值用半个周期的平均值表示

正弦电动势、电压和电流的平均值分别用符号 E_{p}、U_{p}、I_{p} 表示。平均值与最大值之间的关系是：

$$E_{\mathrm{p}}=\frac{2}{\pi}E_{\mathrm{m}}\qquad U_{\mathrm{p}}=\frac{2}{\pi}U_{\mathrm{m}}\qquad I_{\mathrm{p}}=\frac{2}{\pi}I_{\mathrm{m}}$$

有效值与平均值之间的关系是：

$$E = \frac{\pi}{2\sqrt{2}}E_p \approx 1.1E_p \qquad U = \frac{\pi}{2\sqrt{2}}U_p \approx 1.1U_p \qquad I = \frac{\pi}{2\sqrt{2}}I_p \approx 1.1I_p$$

3. 相位与相位差

（1）相位

在式 $e=E_m\sin(\omega t+\varphi_0)$ 中，$(\omega t+\varphi_0)$ 表示正弦量随时间变化的电角度，称为相位角，也称相位或相角，它反映了交流电变化的进程。式中 φ_0 为正弦量在 t=0 时的相位，称为初相位，也称初相角或初相。

交流电的初相可以为正，也可以为负。若 t=0 时正弦量的瞬时值为正，则初相为正（图 5-11a）；若 t=0 时正弦量的瞬时值为负，则初相为负（图 5-11b）。

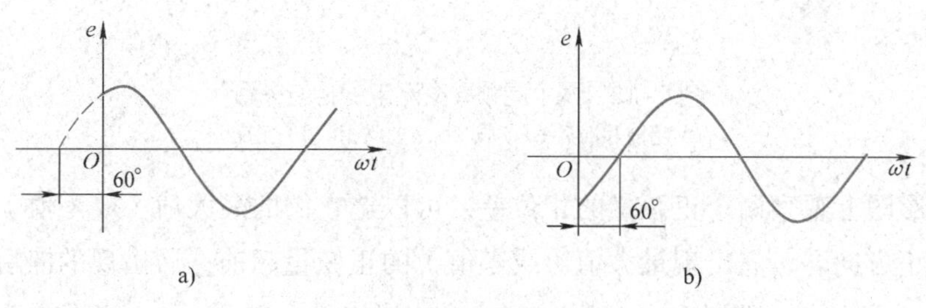

图 5-11 相位的正负

a）初相为正 b）初相为负

初相通常用不大于 180° 的角来表示。例如，$i=50\sin(\omega t+240°)$ A 习惯上应记为 $i=50\sin(\omega t-120°)$ A。

小提示

为表达更为直观，在书写瞬时值表达式及进行有关叙述时，相位及其相关概念有时可采用角度制表示，如上式所示。但由于角频率 ω 的单位是 rad/s，因此在进行相关计算时，应注意先将单位制统一。角度制与弧度制的换算关系为 $1° = \frac{\pi}{180}$ rad。当然，相位等概念也可以直接使用弧度制来表达。

（2）相位差

两个同频率交流电的相位之差称为相位差，用符号 φ 表示，即

$$\varphi = (\omega t + \varphi_1) - (\omega t + \varphi_2) = \varphi_1 - \varphi_2$$

如果交流电 e_1 比另一个交流电 e_2 提前达到零值或最大值（即 $\varphi>0$），则称 e_1 超前 e_2，或称 e_2 滞后 e_1；若两个交流电同时达到零值或最大值，即两者的初相位相等，则称它们同相位，简称同相；若一个交流电达到正的最大值时，另一个交流电同时达到负的最大值，即它们的初相位相差 180°，则称它们反相位，简称反相；若两个正弦交流电相位差 φ=90°，则称它们正交。相应波形图如图 5-12 所示。

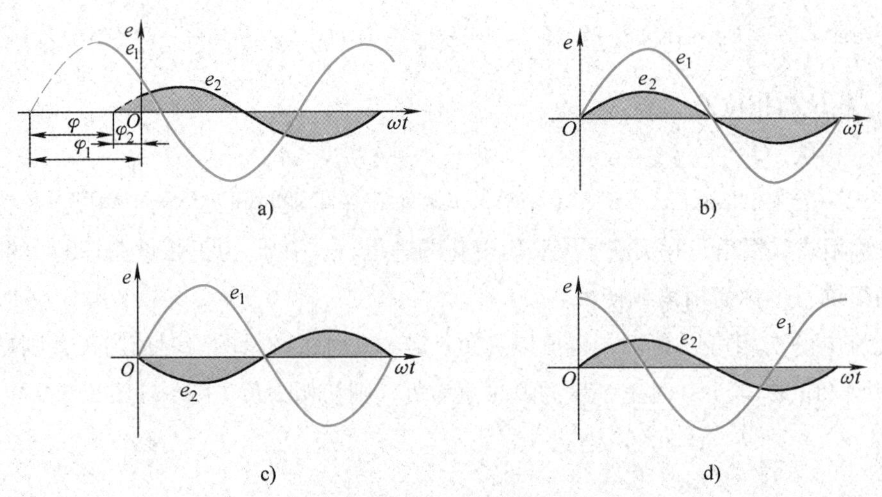

图 5–12　两个同频率交流电的相位关系

a）超前和滞后　b）同相　c）反相　d）正交

从波形图上观察两个正弦量的相位差，可以选它们的最大值（或零值）来观察，沿时间轴正方向看，先出现最大值（或零值）的正弦量超前；后出现的滞后。例如，在上图中，可以说 e_1 超前于 e_2，相位差为 φ；也可以说 e_2 滞后于 e_1，相位差为 φ。

习惯上相位差的取值范围是 $-180° < \varphi \leqslant 180°$。若计算结果 $\varphi = \varphi_1 - \varphi_2 \geqslant 180°$ 或 $\varphi = \varphi_1 - \varphi_2 < -180°$，应取 $360° \pm \varphi$ 作为相位差，并改变相关描述，以满足取值范围要求。例如，若计算结果 $\varphi = \varphi_1 - \varphi_2 = 120° - (-120°) = 240°$，一般不说 e_1 超前 e_2 240°，而是说 e_2 超前 e_1 120°。

综上所述，正弦交流电的最大值反映了正弦交流电的变化范围，角频率反映了正弦交流电的变化快慢，初相位反映了正弦交流电的起始状态。它们是表征正弦交流电的三个重要物理量。知道了这三个量就可以唯一确定一个交流电，写出其瞬时值的表达式，因此常把最大值、角频率和初相位称为正弦交流电的三要素。

【例 5–1】 已知两正弦电动势分别是：$e_1 = 100\sqrt{2}\sin(100\pi t + 60°)$ V，$e_2 = 65\sqrt{2}\sin(100\pi t - 30°)$ V。求：

（1）各电动势的最大值和有效值；

（2）频率、周期；

（3）相位、初相位、相位差；

（4）波形图。

解：（1）最大值 $E_{m1} = 100\sqrt{2}$ V

$$E_{m2} = 65\sqrt{2}\ \text{V}$$

有效值 $E_1 = \dfrac{100\sqrt{2}}{\sqrt{2}}$ V $= 100$ V

$$E_2 = \frac{65\sqrt{2}}{\sqrt{2}}\ \text{V} = 65\ \text{V}$$

（2）频率 $f_1 = f_2 = \frac{\omega}{2\pi} = \frac{100\pi}{2\pi}\ \text{Hz} = 50\ \text{Hz}$

周期 $T_1 = T_2 = \frac{1}{f} = \frac{1}{50}\ \text{s} = 0.02\ \text{s}$

（3）相位 $\alpha_1 = 100\pi t + 60^\circ$　　$\alpha_2 = 100\pi t - 30^\circ$

初相位 $\varphi_1 = 60^\circ$　　$\varphi_2 = -30^\circ$

相位差 $\varphi = \varphi_1 - \varphi_2 = 60^\circ - (-30^\circ) = 90^\circ$

（4）波形图如图 5-13 所示。

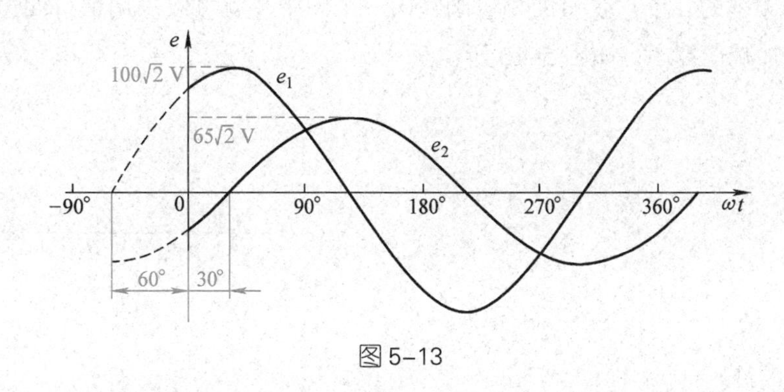

图 5-13

四、正弦交流电的相量图表示法

在对正弦交流电路进行较为复杂的分析计算时，常会遇到两个相同频率的正弦量相加减的情况。例如，对 $u_1=3\sqrt{2}\sin(314t+30^\circ)$ V 与 $u_2=4\sqrt{2}\sin(314t-60^\circ)$ V 进行加法运算，其波形图如图 5-14 所示。可以发现，无论是将波形图中的数值逐点相加还是用解析式进行代数计算都很不方便。在实际应用中，常采用相量图表示法来解决这一问题。

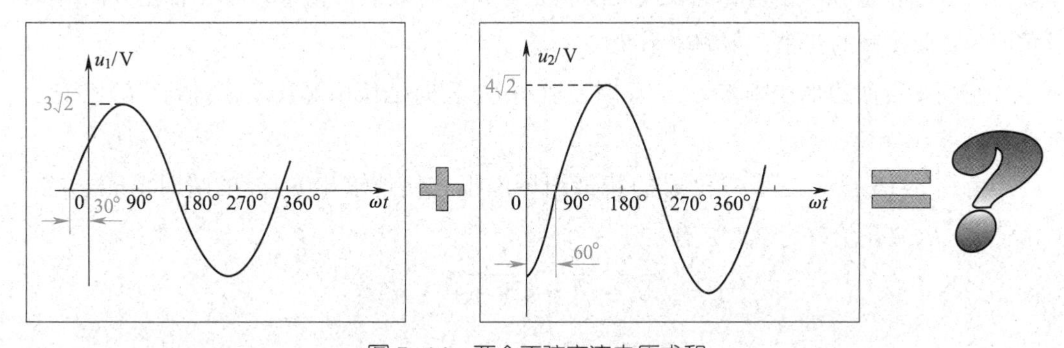

图 5-14　两个正弦交流电压求和

和波形图、解析式一样，相量图也是正弦量的一种表示方法。其画法是：

（1）确定参考方向，一般以直角坐标系 X 轴正方向为参考方向。

（2）作一有向线段，其长度对应正弦量的有效值，与参考方向的夹角为正弦量的初相。若初相为正，则用从参考方向逆时针旋转得出的角度来表示；若初相为负，则用从参考方向顺时针旋转得出的角度来表示。

图 5-15 所示就是 $u_1=3\sqrt{2}\sin(314t+30°)$ V 对应的相量图。

正弦量都可以用这样一个长度对应有效值、与参考方向夹角对应初相的有向线段来表示，这个量称为**相量**，一般用 $\dot{E}$、$\dot{U}$、$\dot{I}$ 等符号来表示。

相量也可以用代数形式表达各物理量之间的关系，如 $\dot{U}_1$ 和 $\dot{U}_2$ 两个相量的和可表示为 $\dot{U}_1+\dot{U}_2$，但应注意此时并不能直接用有效值进行代数运算，而应采用平行四边形法则等几何方法，或复数运算等代数方法。

将相同频率的几个正弦量的相量画在同一个图中，就可以采用平行四边形法则来进行它们的加减运算了，如图 5-16 所示。

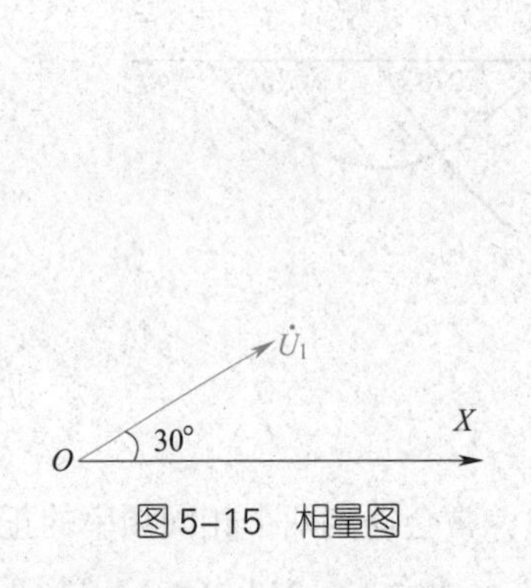

图 5-15　相量图

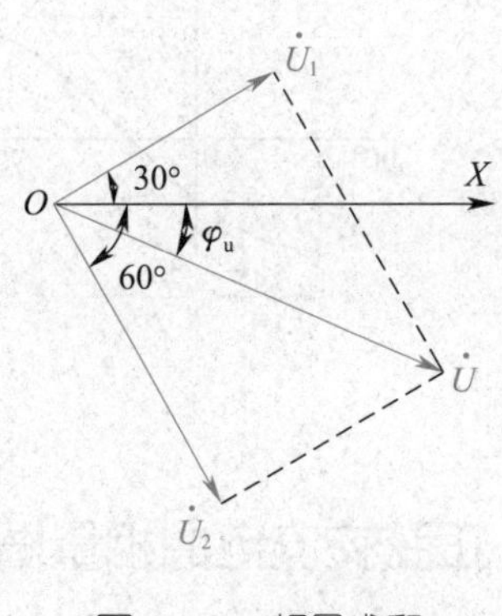

图 5-16　相量求和

使用平行四边形法则求 $\dot{U}_1+\dot{U}_2$ 的方法是，以 $\dot{U}_1$ 和 $\dot{U}_2$ 为邻边、长度为边长作一平行四边形，以 $\dot{U}_1$ 和 $\dot{U}_2$ 的交点为起点、其对角的顶点为终点作一有向线段，所得相量即为二者的相量和。相量和的长度表示正弦量和的有效值，相量和与 X 轴正方向的夹角即为正弦量和的初相，角频率不变。

使用平行四边形法则求 $\dot{U}_1-\dot{U}_2$ 时，可将 $\dot{U}_2$ 反向延长相等长度，得到 $-\dot{U}_2$，按上述方法求 $\dot{U}_1+(-\dot{U}_2)$。

由图 5-16 所示，用 u_1 和 u_2 的相量图可以很方便地求出 u_1+u_2 的瞬时值表达式。由于$\dot{U}_1$、$\dot{U}_2$ 夹角恰好为 90°，有

$$U=\sqrt{U_1^2+U_2^2}=\sqrt{3^2+4^2}\ \text{V}=5\ \text{V}$$

$$\varphi=\arctan\frac{U_2}{U_1}=\arctan\frac{4}{3}\approx53°\ （u_1 超前 u 的角度）$$

于是可得 $u=u_1+u_2$ 的三要素为：

$$U=5\ \text{V}\quad \omega=314\ \text{rad/s}\quad \varphi_u=\varphi_1-\varphi=30°-53°=-23°$$

所以 $u=5\sqrt{2}\sin(314t-23°)$ V。

小提示

应用相量图时注意以下几点：

1. 同一相量图中，各正弦交流电的频率应相同。

2. 同一相量图中，相同单位的相量应按相同比例画出。

3. 一般取直角坐标轴的水平正方向为参考方向，有时为了方便起见，也可在几个相量中任选其一确定参考方向，并且不画出直角坐标轴。

4. 一个正弦量的相量图、波形图、解析式是正弦量的几种不同的表示方法，它们有一一对应的关系，但在数学上并不相等，如果写成 $e=E_m\sin(\omega t+\varphi)=\dot{E}$，则是错误的。

知识拓展

相量图表示法的由来

现以正弦电动势 $e=E_m\sin(\omega t+\varphi_0)$ 为例说明如下：如图 5–17 所示，在直角坐标系内，作一矢量 OA，其长度为正弦电动势 e 的最大值 E_m，它的起始位置与 x 轴正方向的夹角等于初相 φ_0，并以正弦电动势的角频率 ω 为角速度逆时针匀速旋转，则在任一瞬间旋转矢量与 x 轴的夹角即为正弦电动势的相位 $(\omega t+\varphi_0)$，它在 y 轴的投影即为该正弦电动势的瞬时值。

例如，当 $t=0$ 时，旋转矢量在 y 轴的投影为 e_0，对应于图 5–17 中电动势波形的 a 点；$t=t_1$ 时，矢量与 x 轴夹角为 $(\omega t_1+\varphi_0)$，此时，矢量在 y 轴的投影为 e_1，对应于波形图上 b 点，如果矢量旋转一周，就与该正弦交流电一个周期的波形恰好对应。可见，旋转矢量能完全反映正弦交流电的三要素及变化规律。

为了与一般的空间矢量相区别，把表示正弦交流电的这一矢量称为**相量**。

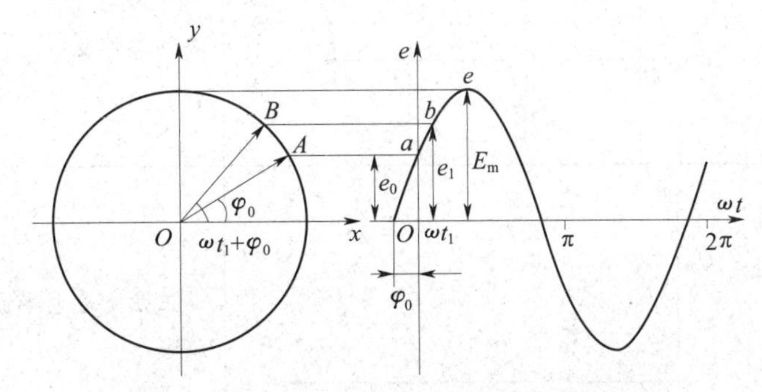

图 5–17　旋转矢量与波形图的对应关系

周期性非正弦量

在实际电路中，常常会遇到不按正弦规律变化的周期性电压或电流，它们都属于周期性非正弦量，如方波、三角波等。常见的周期性非正弦量波形及其主要应用场合见表 5–1。

表 5–1 常见的周期性非正弦量波形及其主要应用场合

名称	波形	应用场合
方波	u, U_m, O, $\frac{T}{2}$, T, t	在数字电路中用途极广。主要作为各种触发器的触发脉冲，各种数字电子电路的输入信号和输出信号
三角波	u, U_m, O, $\frac{T}{2}$, T, t	常作为各种调制波的载波
锯齿波	u, U_m, O, $\frac{T}{2}$, T, t	是模拟电子电路的工作波形之一，典型应用是电视机、计算机显示器的扫描电压
矩形波	u, U_m, O, $\frac{T}{2}$, T, t	作用同方波，是数字电路最主要的工作波形
正弦半波整流波	u, U_m, O, $\frac{T}{2}$, T, t	正弦交流电半波整流后的输出波形

续表

名称	波形	应用场合
正弦全波整流波	u, U_m, O, $\frac{T}{2}$, T, t	正弦交流电全波整流后的输出波形

巩固练习

1. 已知某正弦交流电压 u=311sin（314t+45°）V，可知该交流电压的有效值 U=____V，周期 T=______s，频率 f=______ Hz，初相 φ =______°。

2. 已知某正弦交流电压有效值为 100 V，频率为 50 Hz，初相为 –30°，可得该正弦交流电压的解析式为 u=______________________ V。

3. 已知某正弦交流电流 i 的初相为 30°，求同频率正弦交流电压 u 在以下情况下的初相各为多少。

（1）u 与 i 同相；（2）u 与 i 反相；（3）u 超前 i 60°；（4）u 滞后 i 60°。

4. 一个灯泡上面标明“220 V/40 W”，当它正常工作时，通过灯丝的电流最大值是多少?

5. 双踪示波器显示波形如图 5–18 所示，峰 – 峰值较大者为 e_1，另一为 e_2，根据波形图说出 e_1 与 e_2 的相位关系。

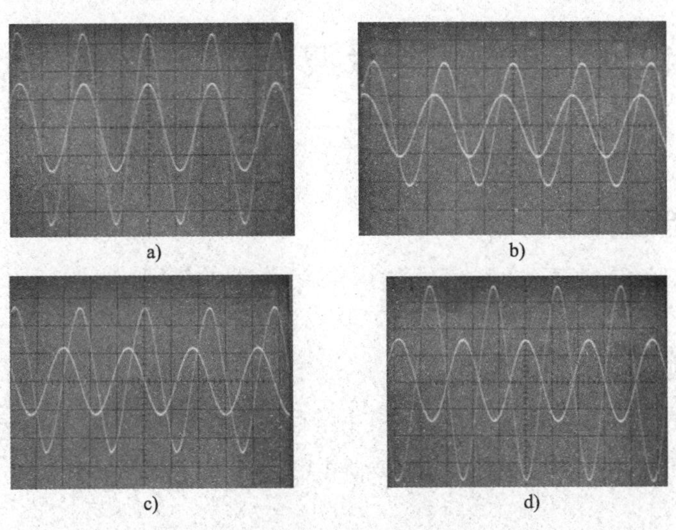

图 5–18

6. 某正弦交流电压波形如图 5-19 所示，且其频率为 50 Hz。

（1）写出该交流电压解析式。

（2）u_1 与 u 反相，画出其波形图。

（3）u_2 超前 u 90°，画出其波形图。

7. 如图 5-20 所示相量图中，交流电压 u_1 和 u_2 的相位关系是（　　）。

A. u_1 比 u_2 超前 75°　　B. u_1 比 u_2 滞后 75°

C. u_1 比 u_2 超前 30°　　D. 无法确定

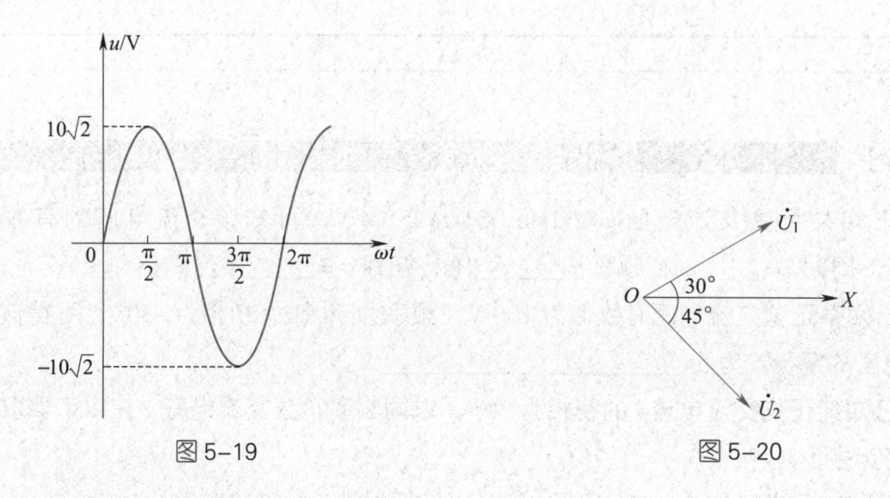

图 5-19　　图 5-20

8. 已知正弦交流电流 $i_1=5\sin\omega t$ A，$i_2=5\sin(\omega t+90°)$ A，画出它们的波形图和相量图，并求 i_1+i_2，i_1-i_2。

实验与实训 5　用示波器观测正弦交流电

一、实验目的

初步掌握交流毫伏表、低频信号发生器、示波器的使用。

二、实验器材

交流毫伏表（最大量程为 300 V，最小量程为 10 mV）1 台，正弦信号发生器（输出 20 Hz ~ 1 MHz 正弦电压）1 台，示波器 1 台。

三、实验步骤

1. 按图 5–21 所示连接仪器。

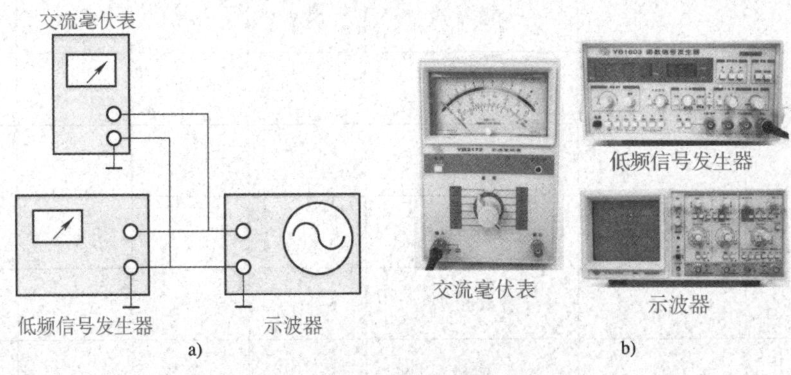

图 5–21 实验接线图和设备实物图

a）实验接线图 b）设备实物图

小提示

本次实验内容涉及 220 V 交流电，远高于人体可承受的安全电压，在接线、连接电源、测试等环节中，都要在教师指导下，严格按照规范操作，避免发生触电事故。

2. 启动信号发生器，将它的输出衰减开关分别置于 0 dB、20 dB 的位置上，调节输出电压微调旋钮，用交流毫伏表测量电压的变化范围，并将测量结果记入表 5–2。

表 5–2 电压测量值

输出衰减开关位置 /dB	0	20	40	60
输出电压变化范围				

3. 将示波器电源接通预热后，调节“辉度”“聚焦”“X 轴位移”“Y 轴位移”等旋钮，使荧光屏上出现扫描线。

4. 调节信号发生器，使其输出电压为 1 ~ 5 V、频率为 1 kHz，用示波器观察信号电压波形，调节“X 轴衰减”“Y 轴增幅”旋钮，使荧光屏显示的电压波形的峰 – 峰值占 5 格左右。

5. 调节“扫描范围”“扫描微调”旋钮，使荧光屏上显示出数个完整、稳定的正弦波。

6. 由低频信号发生器输出如上所要求的信号，用交流毫伏表测量其电压大小，用示波器观察波形并测量其电压大小和频率。将各仪表的读数记入表 5–3。

表 5-3　测量记录表

正弦信号		频率 /Hz	400	1 000	2 000	20 000
		有效值 /V	0.08	0.5	0.15	2
低频信号发生器	旋钮挡位	输出衰减				
		频段选择				
	输出信号	频率 /Hz				
		有效值 /V				
示波器	V/Div	挡极				
	读数	电压峰 – 峰值				
	t/Div	挡极				
	读数	信号频率				
交流毫伏表	量程	挡极				
	读数	电压有效值				

巩固练习

1. 在使用示波器观察正弦波电压时，如果在荧光屏上分别出现如图 5-22 所示的情况，是哪些旋钮位置不对？应如何调节？

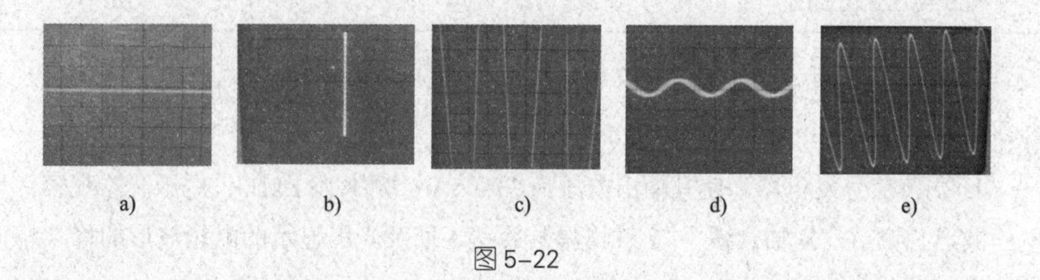

a)　b)　c)　d)　e)

图 5-22

2. 示波器显示正弦交流电波形如图 5-23 所示，示波器垂直灵敏度选择开关置于“1 V/Div”挡，则该信号的最大值为________V，有效值为________V，扫描速度选择开关置于“1 μs/Div”挡，则该正弦波的周期为________μs，频率为________Hz。

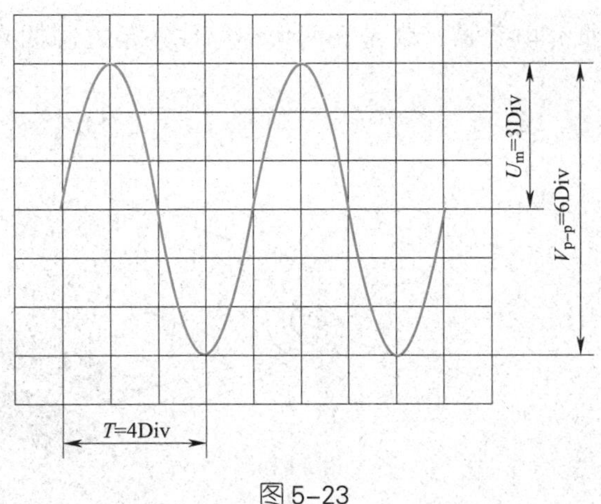

图 5-23

§5-2 电容器和电感器

学习目标

1. 了解电容器的结构和类型，理解容抗的概念，掌握电容“隔直流，通交流，阻低频，通高频”的特性。

2. 了解电感器的结构和类型，理解感抗的概念，掌握电感“通直流，阻交流，通低频，阻高频”的特性。

3. 能正确使用万用表大致判断电容器和电感器的好坏。

电容器通常简称电容，电感器通常简称电感，它们都是储能元件，在电工和电子技术中有广泛的应用，而且经常一起配合使用。

一、电容器

1. 电容器的结构、类型和符号

电容器的基本结构如图 5-24 所示，两个相互绝缘又靠得很近的导体就组成了一个电容器。这两个导体称为电容器的两个极板，中间的绝缘材料称为电容器的介质。例如，图5–25所示纸介电容器，就是在两块铝箔或锡箔之间插入纸介质，卷绕成圆柱形而构成的。

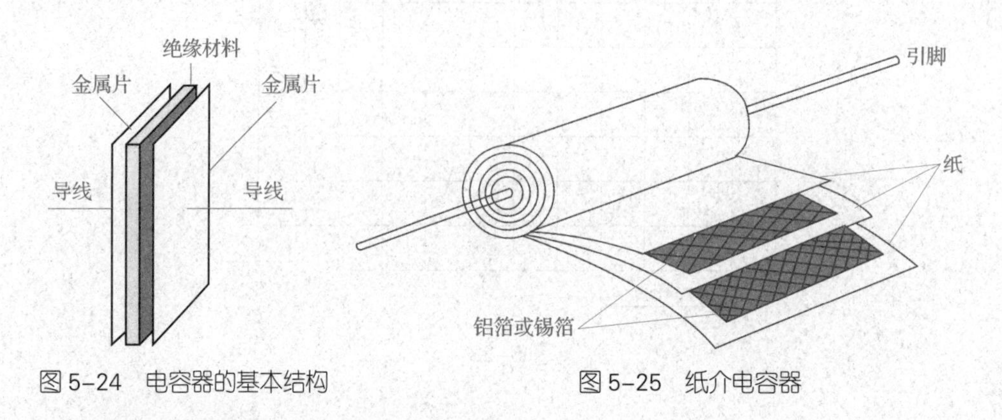

图5–24　电容器的基本结构　　图5–25　纸介电容器

常用电容器的外形和符号见表5–4。

表5–4　电容器的外形和符号

名称	实物	符号
电力电容器		
电解电容器		
金属膜电容器		
涤纶电容器		

续表

名称	实物	符号
瓷片电容器		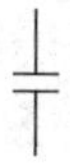
云母电容器		
单连可变电容器		
双连可变电容器		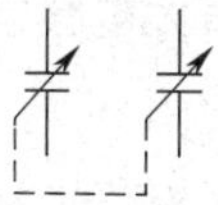
微调电容器		

2. 电容器的主要参数

（1）电容量

电容量是指电容器储存电荷的能力，也简称电容，如图 5–26 所示，它在数值上等于电容器在单位电压作用下所储存的电荷量，即

$$C=\frac{Q}{U}$$

电容的单位是法拉（F），常用较小的单位有微法（μF）和皮法（pF）。

平行板电容器是最常见的电容器，如图 5–27 所示。如果把图 5–25 所示的纸介电容器展开，可以看出其实它也是平行板电容器，之所以要卷绕成圆柱形是为了尽可能增大两块极板的面积。

电容是电容器的固有属性，它只与电容器的极板正对面积、极板间距离以及极板间电介质的特性有关；而与外加电压的大小、电容器带电多少等外部条件无关。

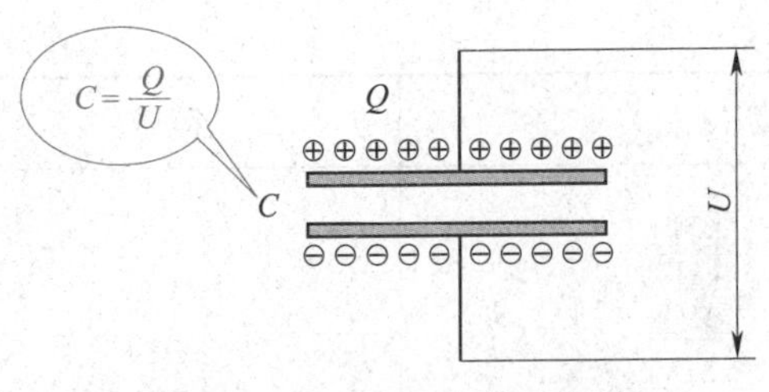

图 5–26　电容量定义示意图

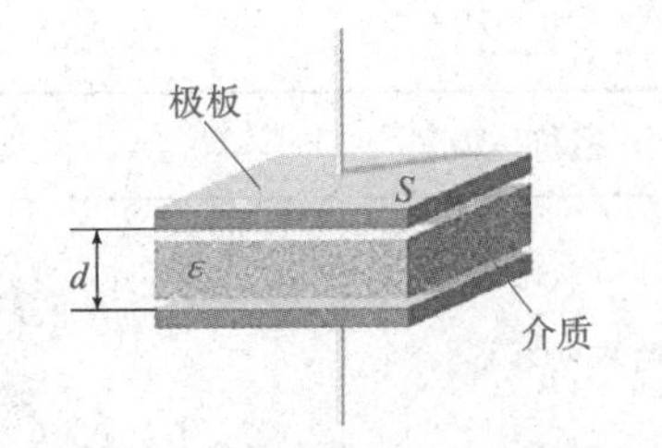

图 5–27　平行板电容器的结构

设平行板电容器极板正对面积为 S，两极板间的距离为 d，则平行板电容器的电容可按下式计算：

$$C=\frac{\varepsilon S}{d}$$

式中 S、d、C 的单位分别是 m^2、m、F。其中 ε 称为极板间电介质的介电常数，是电介质自身的一个特性参数，其单位是 F/m。真空中的介电常数 $\varepsilon_0 \approx 8.86\times10^{-12}$ F/m，某种介质的介电常数 ε 与 ε_0 之比称为该介质的**相对介电常数**，用 ε_r 表示，气体的相对介电常数约为 1，石蜡、油、云母等，不仅相对介电常数 ε_r 较大，作为电容器的电介质可显著增大电容，而且能做成很小的极板间隔，因而应用很广，通常都是把纸浸入石蜡或油中使用。

（2）额定电压

电容器的额定电压（也称耐压）是指，在规定温度范围内，可以连续加在电容器上而不损坏电容器的最大直流电压或交流电压的有效值。它也是电容器的一个重要参数，常用的固定电容器的耐压有：10 V、16 V、25 V、35 V、50 V、63 V、100 V、250 V、500 V 等。

3. 电容器的充电和放电

（1）电容器的充电

电容器的充电过程如图 5–28 所示，当开关 S 置于 A 端，电源通过电阻 R 对电容器 C 开始充电。起初，充电电流 i_C 较大，为 $i_C=\frac{E}{R}$，但随着电容器 C 两端电荷的不断积累，形成的电压 u_C 越来越高，它阻碍了电源对电容器的充电，使充电电流越来越小，直至为零，这时电容器两端的电压达到了最大值 E。

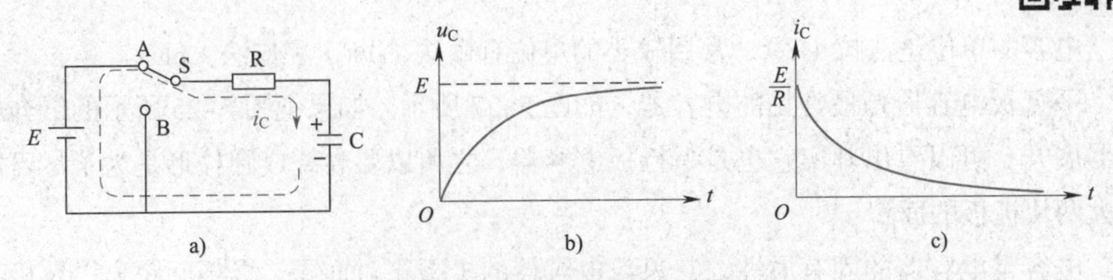

图 5–28　电容器的充电过程
a）电容器充电　b）充电电压曲线　c）充电电流曲线

(2)电容器的放电

电容器的放电过程如图5–29所示，当电容器两端充足电后，若将开关S置于B端，电容器通过电阻R开始放电。起初放电电流 i_C 很大，为 $i_C=\frac{E}{R}$，但随着电容器C两端电荷的不断减少，电压 u_C 越来越低，放电电流越来越小，直至为零，这时电容器两端的电压也为零。

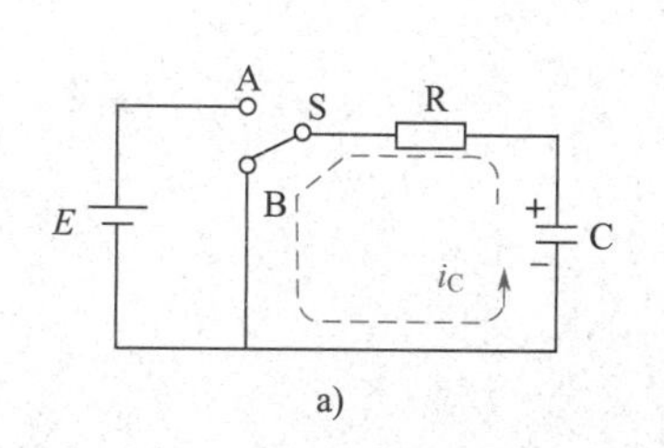

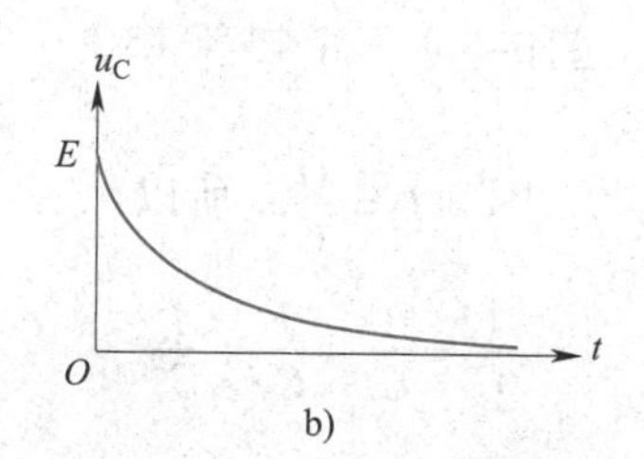

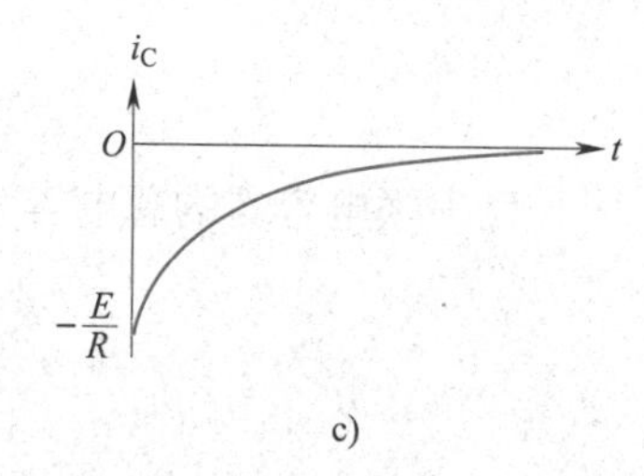

图5–29 电容器的放电过程

a)电容器放电 b)放电电压曲线 c)放电电流曲线

电容器充放电达到稳定值所需要的时间与 R 和 C 的大小有关。通常用 R 和 C 的乘积来描述，称为RC电路的时间常数，用 τ 表示，即：

$$\tau=RC$$

时间常数的单位为s。τ 越大，充电越慢，放电也越慢。

4. 容抗——电容对交流电的阻碍作用

当电容器外接交流电时，电源与电容器之间不断地充电和放电，电容器对交流电也会有阻碍作用。电容对交流电的阻碍作用称为容抗，用 X_C 表示，容抗的单位也是欧姆(Ω)。

容抗的计算式为

$$X_C=\frac{1}{\omega C}=\frac{1}{2\pi fC}$$

电容的容抗与频率的关系可以简单概括为：隔直流，通交流，阻低频，通高频。因此电容也被称为高通元件。

5. 电容器的连接

(1)电容器的串联

图5–30所示是三个电容器的串联电路，加上直流电压 U，给电容器充电，达到稳定状态后每个电容器所带电荷量应相等，设为 Q。则各个电容器的电压分别为：

$$U_1=\frac{Q}{C_1} \qquad U_2=\frac{Q}{C_2} \qquad U_3=\frac{Q}{C_3}$$

总电压 U 等于各电容器上的电压之和，所以

$$U=U_1+U_2+U_3=Q\left(\frac{1}{C_1}+\frac{1}{C_2}+\frac{1}{C_3}\right)$$

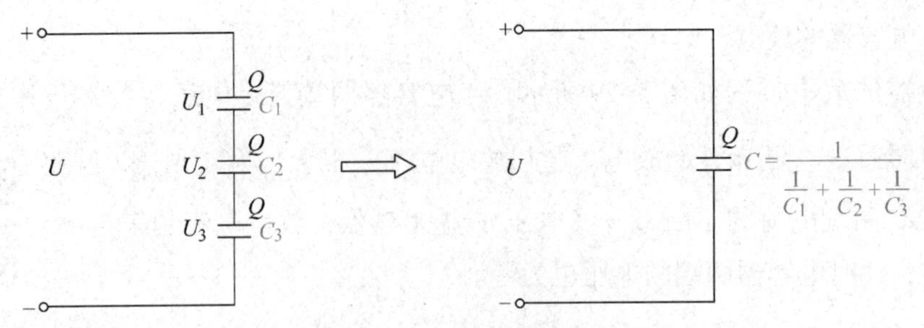

图 5-30　三个电容器串联

设串联电容器的总电容为 C，因为 $U=\frac{Q}{C}$，所以

$$\frac{1}{C}=\frac{1}{C_1}+\frac{1}{C_2}+\frac{1}{C_3}$$

$$C=\frac{1}{\frac{1}{C_1}+\frac{1}{C_2}+\frac{1}{C_3}}$$

即串联电容器总电容的倒数等于各电容器的电容倒数之和。电容器串联之后，相当于增大了两极板间的距离，所以总电容小于每个电容器的电容。

可见电容器串联后，电容大的电容器分配的电压小，电容小的电容器分配的电压大。即各电容器上分配的电压和它的电容成反比。

如图 5-31 所示，如果两个电容器串联，则总电容的计算式为

$$C=\frac{C_1C_2}{C_1+C_2}$$

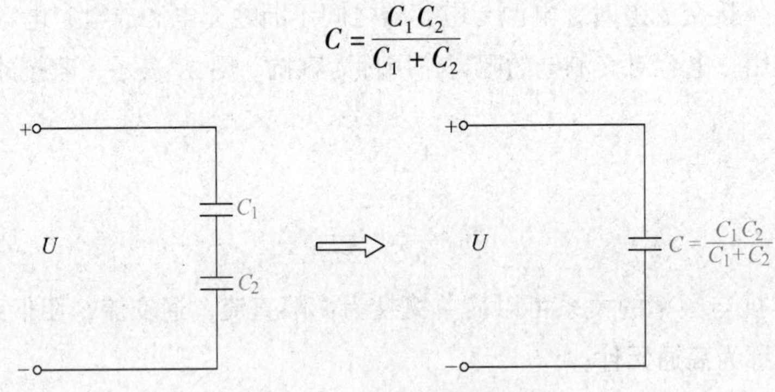

图 5-31　两个电容器串联

与电阻并联公式相似。

电容器上的电压分别为：

$$U_1=U\frac{C_2}{C_1+C_2}\qquad U_2=U\frac{C_1}{C_1+C_2}$$

与电阻并联电路分流公式相似。

（2）电容器的并联

图 5-32 是三个电容器的并联，加上电压 U 后，每个电容器的电压都是 U，如果

三个电容器所带电荷量分别为 Q_1、Q_2、Q_3，则

$$Q_1 = C_1 U \qquad Q_2 = C_2 U \qquad Q_3 = C_3 U$$

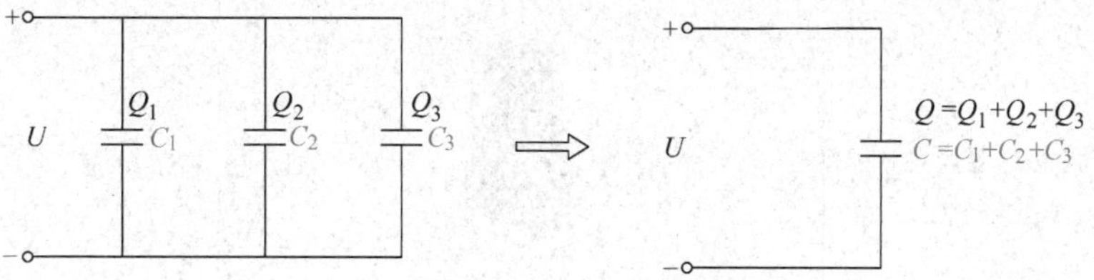

图 5-32 三个电容器并联

电容器储存的总电荷量等于各电容器所带电荷量之和，即

$$Q = Q_1 + Q_2 + Q_3 = (C_1 + C_2 + C_3)\ U$$

设并联电容器的总电容为 C，因为 $Q=CU$，所以

$$C = C_1 + C_2 + C_3$$

即并联电容器的总电容等于各电容器的电容之和。电容器并联之后，相当于增大了两极板的面积，所以总电容大于每个电容器的电容。

二、电感器

1. 电感器的结构、类型和符号

电感器的基本结构是用铜导线绕成的圆筒状线圈。线圈的内腔有些是空的，有些是铁芯或铁氧体芯，加入铁芯或铁氧体芯的目的是把磁感线更紧密地约束在电感器的周围，最终更有效地发挥其功能。

电感器的种类繁多，外形和电路符号也有所不同，常用电感器的类型和符号见表 5-5。

表 5-5 电感器的类型和符号

名称	实物	符号
空心电感器		
有磁芯或铁芯的电感器	 	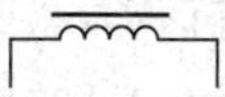

续表

名称	实物	符号
微调电感器		
有中心抽头的电感线圈		

2. 电感器的主要参数

（1）电感

电感器抗拒电流变化的能力可以用电感（即自感系数）来描述，它反映了电流以 1 A/s 的变化速率通过电感器时，所能产生的感应电动势的大小。

（2）品质因数

品质因数也称 Q 值，是衡量电感器储存能量损耗率的一个物理量。Q 值越高，电感器储存的能量损耗率越低，效率越高。品质因数（Q 值）的高低与电感器的直流电阻、线圈圈数、线圈骨架、内芯材料以及工作频率等有关，具体关系如下：

$$Q=\frac{\omega L}{R}=\frac{2\pi fL}{R}$$

式中：

ω——交流电角频率；

L——电感，与线圈圈数、线圈骨架和内芯材料等有关；

R——电感器的直流电阻。

3. 感抗——电感对交流电的阻碍作用

将电感线圈接入交流电路中，由于交流电的大小和方向随时都在变化，在电感线圈中便不停地产生自感电动势，自感电动势时刻起着阻碍电流变化的作用，电感对交流电的阻碍作用称为感抗，用 X_L 表示。感抗的单位也是欧姆（Ω）。线圈自感系数越大，感抗越大；交流电频率越高，线圈感抗也越大。

感抗的计算式为

$$X_L=2\pi fL=\omega L$$

品质因数在数值上就等于电感器在某一频率的交流电压下工作时，所呈现的感抗与其等效损耗电阻之比。

电感的感抗与频率的关系可以简单概括为：通直流，阻交流，通低频，阻高频，因此电感也称为低通元件。

交、直流电磁铁不能互换使用正是因为电感的这一特性。交流电磁铁接在交流电源上使用时，因为存在感抗，故可在正常电流下工作，而一旦接入直流电源，感抗为零，电阻又很小，使得电流远远超过工作电流，造成事故。

巩固练习

1. 一只 5 μF 的电容器接到 50 Hz、220 V 的正弦交流电源上，其容抗为多少？若把该电容器接到 100 Hz、220 V 的交流电源上，其容抗为多少？若把它接到 220 V 的直流电源上，其容抗又为多少？

2. 一电感元件接在频率为 50 Hz 的正弦交流电源上，其感抗为 50 Ω，若把该电感接到频率为 500 Hz 的正弦交流电源上，其感抗为多少？若把该电感接到 1 V 的直流电源上，其感抗又为多少？

实验与实训 6　用万用表检测电容器和电感器

一、实训目的

1. 认识各种不同类型的电容器和电感器。
2. 能使用万用表对电容器和电感器进行简易检测。

二、实训器材

万用表及不同型号的电容器和电感器若干。

三、实训步骤

1. 用万用表检测电容器

利用电容器的充放电特性可以大致判断大容量电容器的质量好坏，如图 5-33 所示。

检测较大容量有极性电容器时，将万用表置于 R × 1k 电阻挡，将黑表笔接电容器正极，红表笔接电容器负极；如果是检测无极性电容器，则两支表笔可以不分。

如果是在线检测大容量电容器，应在电路断电后，先用导线将被测电容器的两个引脚连接一下，放掉可能存在的电荷，对于容量很大的电容器则要用 100 Ω 左右的电阻来放电。

由于小容量电容器漏电阻很大，所以测量时应用 R × 10k 挡，这样测量结果较为准确。

测量结果说明见表 5-6。

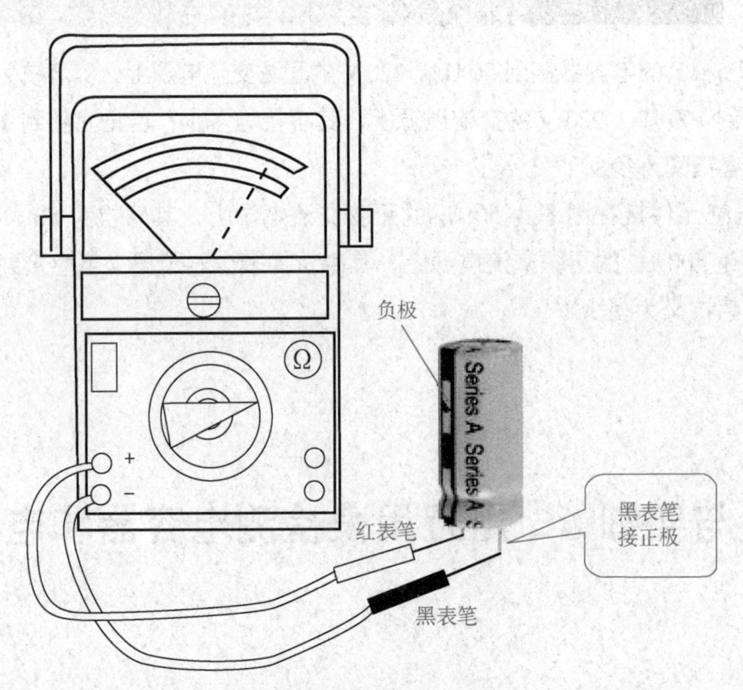

图 5-33　电容器的简易检测

表 5-6　测量结果说明

表针偏转情况	说明
∞ 0 R × 1k挡	表针先向右偏转，然后向左回摆到底（阻值无穷大处），说明电容器正常
∞ 0 R × 1k挡	表针向右偏转后向左回摆不到底，而是停在某一刻度上，该阻值即为电容器的漏电阻值，此值越小，说明漏电越严重

续表

表针偏转情况	说明
∞ 0 R × 1k挡	表针向右偏转到欧姆零位后不再回摆，说明电容器内部短路
∞ 0 R × 1k挡	表针无偏转和回转，说明电容器内部可能已断路，或电容量很小，不足以使表针偏转

（1）取不同类型电容器若干，认识外形，了解其主要参数并记入表 5–7。

（2）用万用表检测电容器，大致判断其质量好坏并记入表 5–7。

表 5–7 检测记录

序号	类型	主要参数	检测结果

2. 用万用表检测电感器

对电感器的检测可用万用表测量其直流电阻，电感器的直流电阻很小，通常只有几欧或几十欧，如果测量结果为无穷大，说明电感器已经开路。

（1）取不同类型电感器若干，认识外形，了解其主要参数并记入表 5–8。

（2）用万用表检测电感器，大致判断其质量好坏并记入表 5–8。

表 5–8 检测记录

序号	类型	主要参数	检测结果

续表

序号	类型	主要参数	检测结果

知识拓展

超级电容器

超级电容器是一种新型高能量密度的储能元件，其结构近似于平板电容器。它采用多孔活性炭材料作为电极，大大增加了极板面积，同时极板间距离又非常小，因此，与同样体积的普通电容器相比，可具有更大的电容量（图 5–34）。目前，单体超级电容器的电容量已能达到数千法拉甚至上万法拉。超级电容器可以并联使用以增加电容量，也可以采取均压措施后串联使用。比普通电池性能更为优越的是，它还可以焊接在电路中。图 5–35 所示为车用超级电容器。

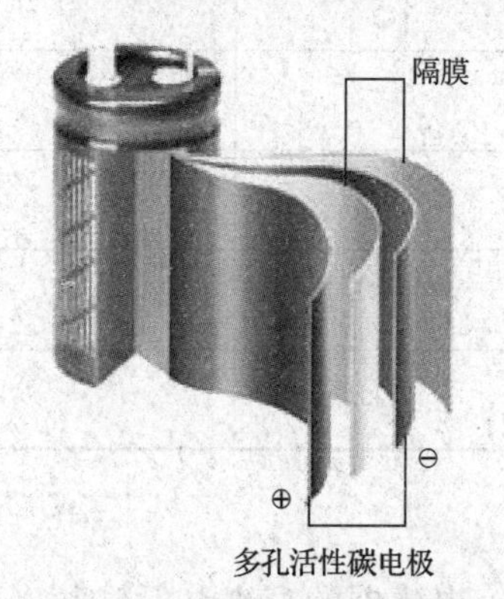

图 5–34　超级电容器的结构

图 5–35　车用超级电容器

与可充电电池相比，超级电容器可以进行不限流充电，瞬间放电电流可达数百甚至数千安，并可实现充放电数十万次而不需要进行任何维护工作，而且它所用的材料又都是安全无毒的，十分符合低碳、节能、绿色环保的要求。

位移测量和液位测量

当平行板电容器的极板正对面积或电介质的介电常数发生变化时，电容器的电容量会发生变化。电容器的这些特性可用于测量位移和液位高度等。

图 5–36a 中，动片转过一个角度后，与定片间相互覆盖面积就有变化，从而导致电容量变化。电容量的变化与位移的变化相对应。

图 5-36b 是一个电容式液位检测计，电容量与电容两极板浸入油液的深度有关，即与液位高低有关，利用电容量的变化可将液位高低的变化转换成电压的变化。汽车用电容式液位传感器如图 5-36c 所示。

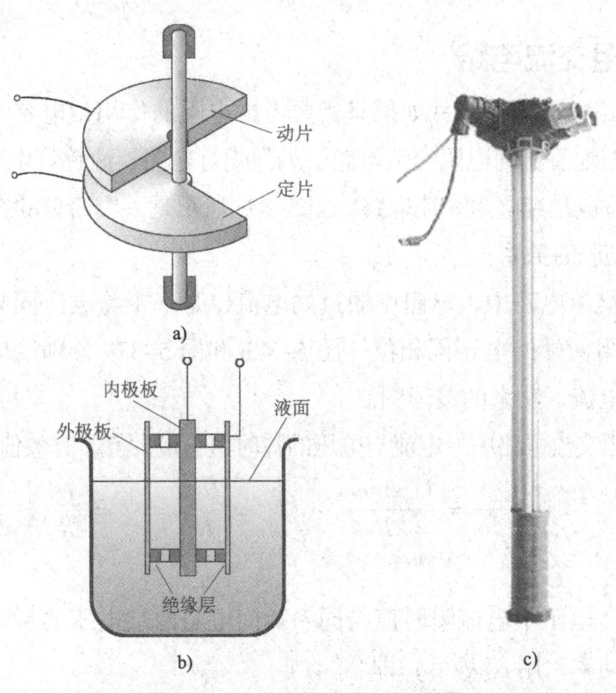

图 5-36　电容应用于位置测量

a）位移测量　b）液位检测计　c）液位传感器实物图

§5-3　单一参数交流电路

学习目标

1. 了解纯电阻交流电路、纯电感交流电路、纯电容交流电路中电压与电流之间的相位关系和数量关系。

2. 理解交流电路中瞬时功率、有功功率和无功功率的概念。

3. 理解电感和电容的储能特性。

交流电路中的实际元件，由于结构不同及工作频率不同，其作用并不是单一的。例如，绕线电阻也存在电感，电感线圈也存在电阻，当信号频率很高时，各线匝之间的电容效应也不可忽略。本节所讨论的单一参数交流电路，只不过是一种理想状态。

一、纯电阻交流电路

一个交流电路中的所有元件如果只需要考虑电阻的作用，电容和电感可以忽略不计，则可将其近似地看作纯电阻交流电路。如白炽灯电路、卤钨灯电路、工业电阻炉电路等都可近似地看成是纯电阻交流电路。图 5-37a 所示是一个简单的纯电阻交流电路。

1. 电流与电压的关系

（1）纯电阻交流电路中，电阻中通过的电流也是一个与电压同频率的正弦交流电流，且与加在电阻两端的电压同相位。图 5-37b 和图 5-37c 分别给出了电压、电流的相量图和电压、电流、功率的波形图。

（2）在纯电阻交流电路中，电流与电压的瞬时值、最大值、有效值都符合欧姆定律。

$$i = \frac{u}{R} = \frac{U_m \sin\omega t}{R} \qquad I_m = \frac{U_m}{R} \qquad I = \frac{U}{R}$$

2. 功率

在任一瞬间，电阻中电流瞬时值与同一瞬间电阻两端电压的瞬时值的乘积，称为电阻获取的**瞬时功率**，用 p_R 表示，即

$$p_R = ui = \frac{U_m^2}{R}\sin^2\omega t$$

瞬时功率的曲线如图 5-37c 所示。由于电流和电压同相，所以 p_R 在任一瞬间的数值都大于或等于零，这就说明电阻总是要消耗功率，因此，电阻是一种**耗能元件**。

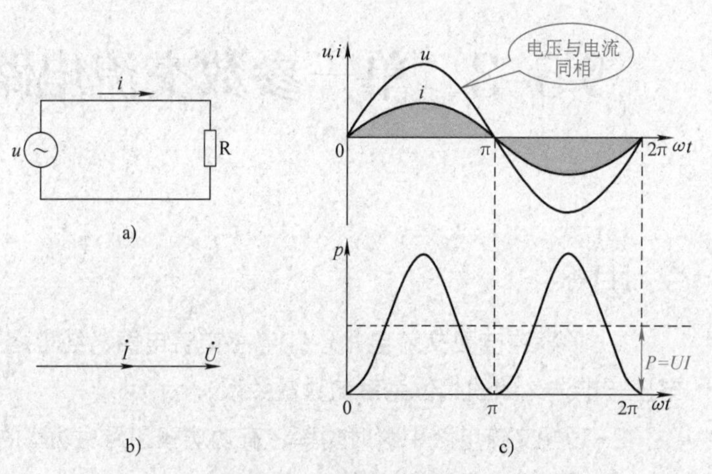

图 5-37 纯电阻交流电路

a）电路图 b）电压、电流相量图 c）电压、电流、功率的波形图

由于瞬时功率时刻变动，不便计算，通常用电阻在交流电一个周期内消耗的功率的平均值来表示功率的大小，称为**平均功率**。平均功率又称**有功功率**，用P表示，单位仍是瓦特（W）。电压、电流用有效值表示时，平均功率P的计算与直流电路相同，即

$$P=UI=I^2R=\frac{U^2}{R}$$

二、纯电感交流电路

由电阻很小的电感线圈组成的交流电路，可以近似地看作纯电感交流电路（图5–38a）。

1．电流与电压的关系

（1）在纯电感交流电路中，电感两端的电压比电流超前90°，即电流比电压滞后90°。图5–38b和图5–38c分别给出了电压、电流的相量图和电压、电流、功率的波形图。

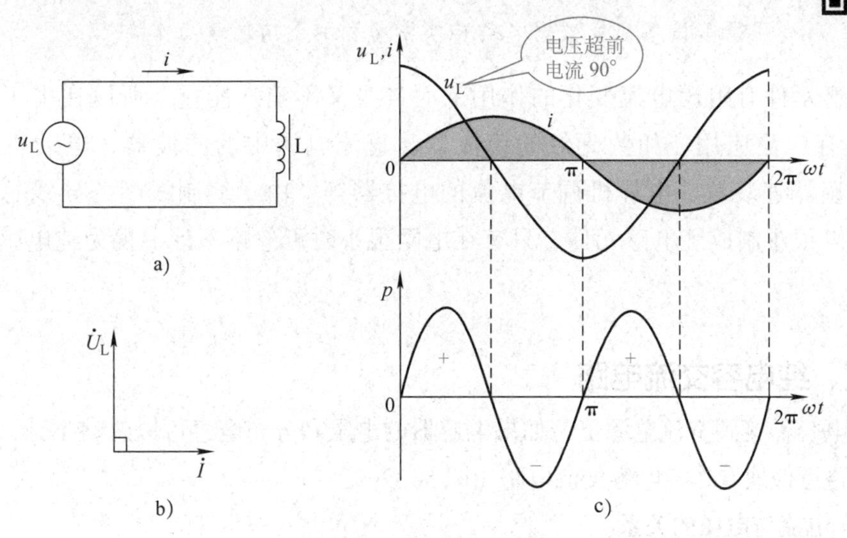

图5–38 纯电感交流电路

a）电路图 b）电压、电流相量图 c）电压、电流、功率的波形图

（2）电流与电压的有效值之间符合欧姆定律，即

$$I=\frac{U}{X_L}$$

小提示

感抗只是电压与电流最大值或有效值的比值，而不是电压与电流瞬时值的比值，即$X_L\neq\frac{u}{i}$，这是因为u和i的相位不同。

2. 功率

由图 5-38c 所示功率曲线图可见，瞬时功率在一个周期内，有时为正值，有时为负值。瞬时功率为正值，说明电感从电源吸收电能转换为磁场能储存起来；瞬时功率为负值，说明电感将磁场能转换为电能返还给电源。

瞬时功率在一个周期内吸收的能量与释放的能量相等，也就是说纯电感电路不消耗能量，它是一种储能元件。电路的平均功率为零。

不同的电感与电源转换能量的多少也不同，通常用瞬时功率的最大值来反映电感与电源之间转换能量的规模，称为**无功功率**，用 Q_L 表示，单位是乏（Var）。其计算式为

$$Q_L = U_L I = I^2 X_L = \frac{U_L^2}{X_L}$$

小提示

无功功率并不是“无用功率”，“无功”的实质是能量发生互逆转换，而元件本身并没有消耗电能。实际上许多具有电感性质的电动机、变压器等设备都是根据电磁转换原理利用无功功率工作的。

电感元件有阻碍电流变化的作用，而自身又不消耗能量，所以在电工和电子技术中有广泛应用，如荧光灯的镇流器、直流电源中的滤波器、电动机启动装置、风扇调速装置、电焊机调节电流的电抗器等。由于绕制线圈的导线总会有电阻，所以很难制成纯电感元件，只有在电阻很小时可忽略不计，视为纯电感交流电路。

三、纯电容交流电路

把电容器接到交流电源上，如果电容器的电阻和分布电感可以忽略不计，可以把这种电路近似地看作纯电容交流电路（图 5-39a）。

1. 电流与电压的关系

（1）在纯电容交流电路中，电压比电流滞后 90°，即电流比电压超前 90°。图 5-39b 和图 5-39c 分别给出了电压、电流的相量图和电压、电流、功率的波形图。

（2）电流与电压的有效值之间符合欧姆定律，即

$$I = \frac{U}{X_C}$$

2. 功率

由图 5-39c 所示功率曲线图可知，电容也是一种储能元件。瞬时功率为正值，说明电容从电源吸收能量转换为电场能储存起来；瞬时功率为负值，说明电容又将电场能转换为电能返还给电源。

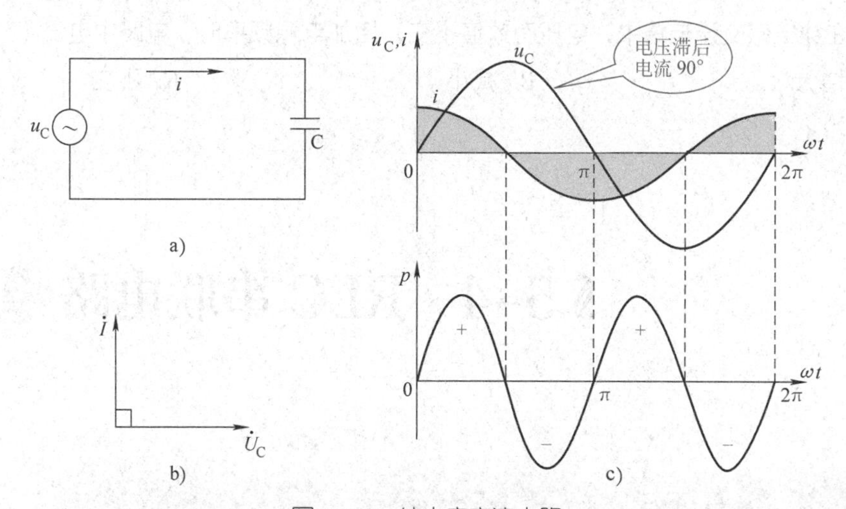

图 5-39 纯电容交流电路

a）电路图 b）电压、电流相量图 c）电压、电流、功率的波形图

纯电容交流电路的平均功率为零，其无功功率为

$$Q_C = U_C I = I^2 X_C = \frac{U_C^2}{X_C}$$

巩固练习

1. 在纯电阻交流电路中，已知端电压 u=311sin（314t+30°）V，其中 R=1 000 Ω，那么电流 i=__________A，电压与电流的相位差 φ=________°，电阻上消耗的功率 P=__________W。

2. 在纯电感交流电路中，下列各式哪些正确？哪些错误？

（1）$i=\frac{u}{X_L}$；（2）$I=\frac{U_m}{\omega L}$；（3）$I=\frac{U}{fL}$；（4）$I=\frac{U}{X_L}$；（5）P=0。

3. 纯电感交流电路中，已知电流的初相角为 -60°，则电压的初相角为（ ）。

A. 30°　　B. 60°　　C. 90°　　D. 120°

4. 在正弦交流电路中，已知流过电感元件的电流 I=10 A，电压 u=20$\sqrt{2}$ sin（1 000t）V，则电流 i=_______A，感抗 X_L=_______Ω，电感 L=_______H，无功功率 Q_L=_______Var。

5. 在纯电容交流电路中，电流的相位超前于电压，是否意味着先有电流后有电压？

6. 在纯电容交流电路中，增大电源频率时，其他条件不变，电路中电流将（ ）。

A. 增大　　B. 减小　　C. 不变

7. 在正弦交流电路中，已知流过电容元件的电流 I=10 A，电压 u=20$\sqrt{2}$ sin（1 000t）V，则电流 I=________A，容抗 X_C=______Ω，电容 C=______F，无功功率 Q_C=______Var。

8. 在纯电感交流电路中，电压有效值不变，增加电源频率时，电路中电流（　　）。

A. 增大　　　　B. 减小　　　　C. 不变

§5-4 RLC 串联电路

学习目标

1. 理解交流电路中电抗、阻抗和阻抗角的概念。
2. 了解 RLC 串联电路中电压与电流之间的关系。
3. 了解 RLC 串联谐振电路的特点及其应用。

实际应用电路往往是由多种元件组成的，例如，荧光灯电路就可以看作电阻元件和电感元件的组合。本节以 RLC 串联电路为例进行分析，RL 串联电路和 RC 串联电路可以看作是 RLC 串联电路的特例。

一、电压与电流的关系

RLC 串联电路如图 5-40 所示。

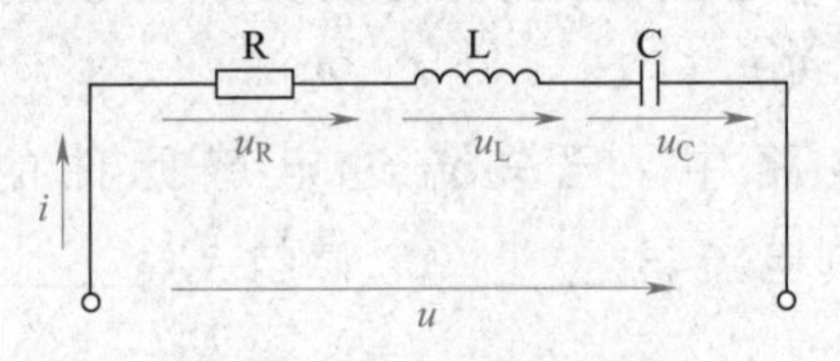

图 5-40　RLC 串联电路

RLC 串联电路的总电压瞬时值等于多个元件上电压瞬时值之和，即

$$u = u_R + u_L + u_C$$

由于 u_R、u_L 和 u_C 的相位不同，所以总电压的有效值不等于各个元件上电压有效值之和，即 $U \neq U_R+U_L+U_C$。

设 $U_L>U_C$，如图 5-41 所示，总电压的有效值应按下式计算：

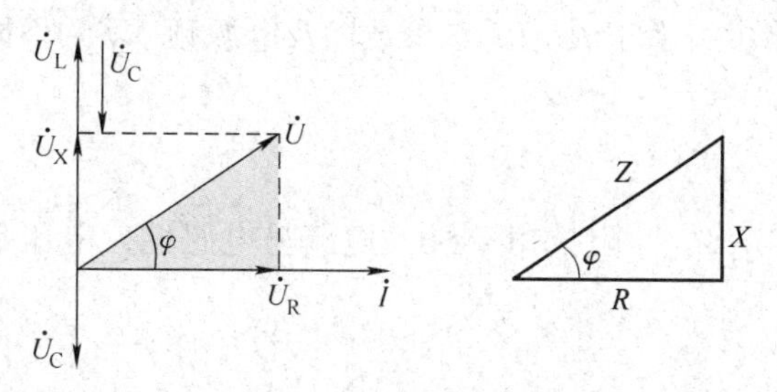

图 5–41 RLC 串联电路电压和阻抗示意图

$$U = \sqrt{U_R^2 + (U_L - U_C)^2}$$

将 $U_R=IR$、$U_L=IX_L$、$U_C=IX_C$ 代入上式，可得

$$U = I\sqrt{R^2 + (X_L - X_C)^2} = I\sqrt{R^2 + X^2} = IZ$$

式中 $X=X_L-X_C$ 称为电抗，$Z=\sqrt{R^2+X^2}$ 称为阻抗，单位都是 Ω。图 5–41 中，φ称为阻抗角，它就是总电压与电流的相位差，即

$$\varphi = \arctan\frac{U_L - U_C}{U_R} = \arctan\frac{X_L - X_C}{R}$$

电压与电流有效值的乘积称为视在功率，用 S 表示，单位为伏安（V · A）。视在功率并不代表电路中消耗的功率，它常用于表示电源设备的容量。负载消耗的功率要视实际运行中负载的性质和大小而定。视在功率 S 与有功功率 P、无功功率 Q 的关系为

$$S = \sqrt{P^2 + Q^2} \qquad P = S\cos\varphi \qquad Q = S\sin\varphi$$

式中 $\cos\varphi = \frac{P}{S}$，称为功率因数。

为了说明 RLC 串联电路中各量的数值关系并便于记忆，可以根据电压相量图，用三个相似的直角三角形来描述，如图 5–42 所示。这三个三角形分别称为电压三角形、阻抗三角形和功率三角形。

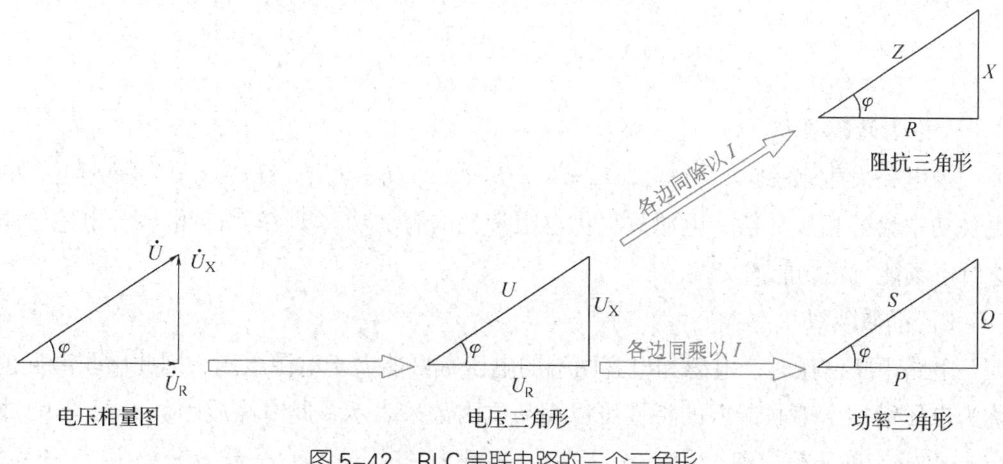

图 5–42 RLC 串联电路的三个三角形

在 RLC 串联电路中，由于 R、L、C 参数以及电源频率 f 的不同，电路可能出现以下三种情况。

（1）电感性电路

当 $X_L>X_C$ 时，则 $U_L>U_C$，阻抗角 $\varphi>0$，电路呈电感性，电压超前电流 φ，其相量图如图 5-41 所示。

（2）电容性电路

当 $X_L<X_C$ 时，则 $U_L<U_C$，阻抗角 $\varphi<0$，电路呈电容性，电压滞后电流 φ，其相量图如图 5-43 所示。

（3）谐振电路

当 $X_L=X_C$ 时，则 $U_L=U_C$，阻抗角 $\varphi=0$，电路呈电阻性，且总阻抗最小，电压和电流同相，其相量图如图 5-44 所示。电路的这种状态称为**串联谐振**。

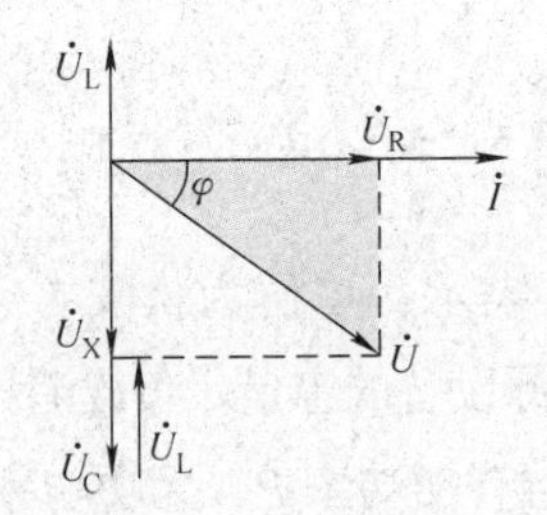

图 5-43　电容性电路相量图

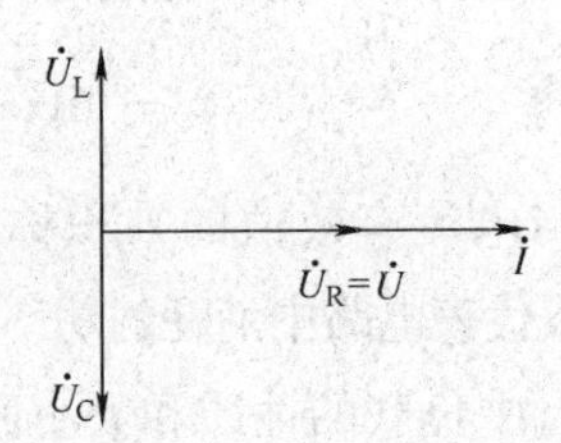

图 5-44　谐振电路相量图

二、串联谐振

1．谐振频率

在 RLC 串联电路中，当电路发生谐振时，$X_L=X_C$，即

$$2\pi f_0 L = \frac{1}{2\pi f_0 C}$$

可得

$$f_0 = \frac{1}{2\pi\sqrt{LC}}$$

f_0 称为谐振频率。

当电路发生谐振时，$X_L=X_C$，$U_L=U_C$，$Q_L=I^2X_L$，$Q_C=-I^2X_C$，$Q_L=-Q_C$，电感和电容的无功功率恰好相互补偿，电源只提供电阻消耗的有功功率即 $P=I^2R$，电容与电感之间进行电场能与磁场能的交换。

2．品质因数

电路串联谐振时，电感和电容两端的电压有可能大于电源电压，因此串联谐振也称为**电压谐振**。串联谐振的特性可以用品质因数来表示，此时品质因数 Q 等于 U_L 或 U_C 与电压 U 的比值，即

$$Q=\frac{U_L}{U}=\frac{U_C}{U}=\frac{X_L}{R}=\frac{X_C}{R}$$

Q 值越大，表明串联谐振时电感和电容两端的电压越高，甚至会远远大于电源电压。在电力系统中，这种高电压有时会把电容器和线圈的绝缘材料击穿，造成设备的损坏，因此是绝不允许的，必须设法避免。但在电子技术中，由于外来信号微弱，常常利用串联谐振来获得一个与电压频率相同但大很多倍的电压。这就是串联谐振的选频作用。Q 值越大，选频作用越好，图 5-45 所示为串联电路的谐振曲线。

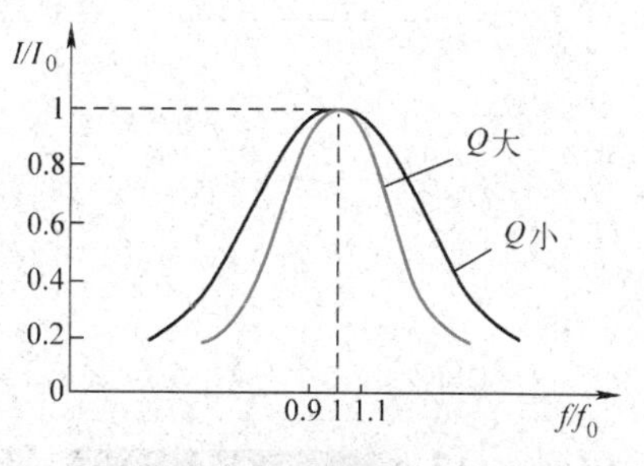

图 5-45 串联电路的谐振曲线

在无线电技术中，常利用谐振电路从众多的电磁波中选出我们所需要的信号，这一过程称为调谐。图 5-46 所示为收音机的调谐电路。当各种不同频率的电磁波在天线上产生感应电流时，电流经过线圈 L1 感应到线圈 L2。如果我们想收听的电台频率为 700 kHz，只要调节 C，使 L2C 串联谐振频率也等于 700 kHz，这时在 L2C 回路中该频率信号的电流最大，在电容器两端该频率信号的电压也最大，于是，我们便能收听到 700 kHz 这个电台的信号。而其他各种频率的信号，由于没有发生谐振，在回路中的电流很小，因此，就被抑制掉了。

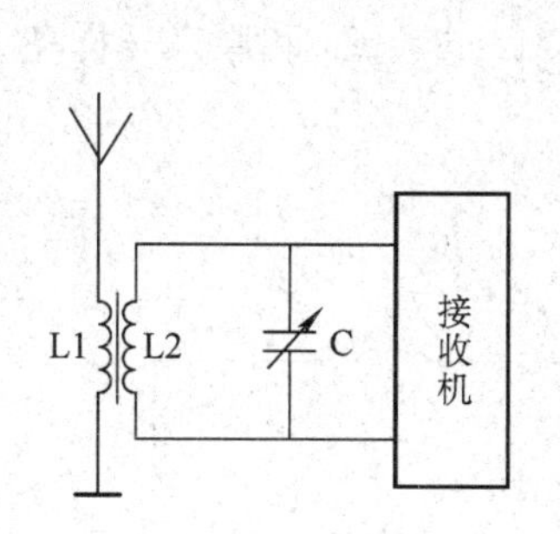

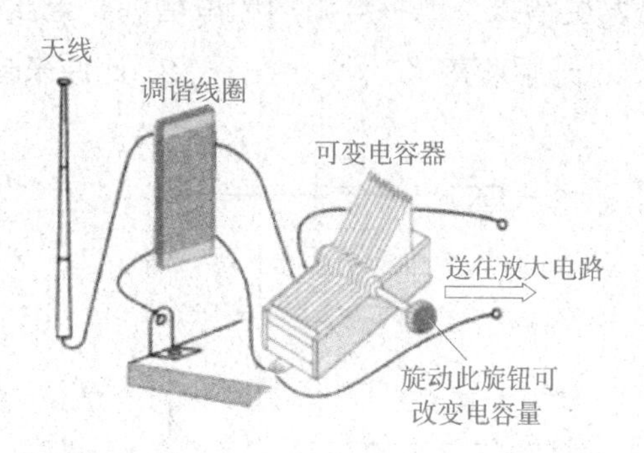

图 5-46 收音机的调谐

知识拓展

RC 移相电路

在电子技术中常用电阻和电容串联组成 RC 移相电路（图 5-47），以调节输出电压与输入电压的相位关系。图 5-47a 电路中输出电压滞后输入电压 φ，图 5-47b 电路中输出电压超前输入电压 φ。

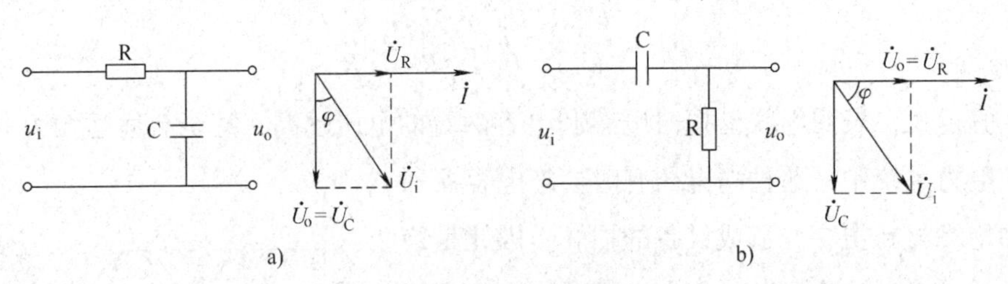

图 5–47 RC 移相电路

a）u_o 滞后 u_i b）u_o 超前 u_i

巩固练习

1. 在 RLC 串联正弦交流电路中，已知 $X_L=X_C=20\ \Omega$，$R=20\ \Omega$，总电压有效值为 220 V，则电感上电压为（　　）。

A. 0　　B. 220 V　　C. 73.3 V

2. 一正弦交流电路如图 5–48 所示，已知开关 S 打开时，电路发生谐振。当把开关合上时，电路呈现（　　）。

A. 电阻性　　B. 电感性　　C. 电容性

3. 一正弦交流电路如图 5–49 所示，已知电源电压为 220 V，频率 f=50 Hz 时，电路发生谐振。现将电源的频率增加，电压有效值不变，这时灯泡的亮度（　　）。

A. 比原来亮　　B. 比原来暗　　C. 和原来一样亮

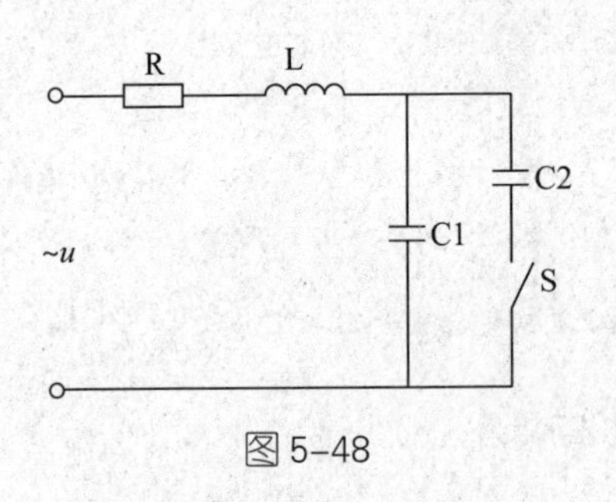

图 5–48

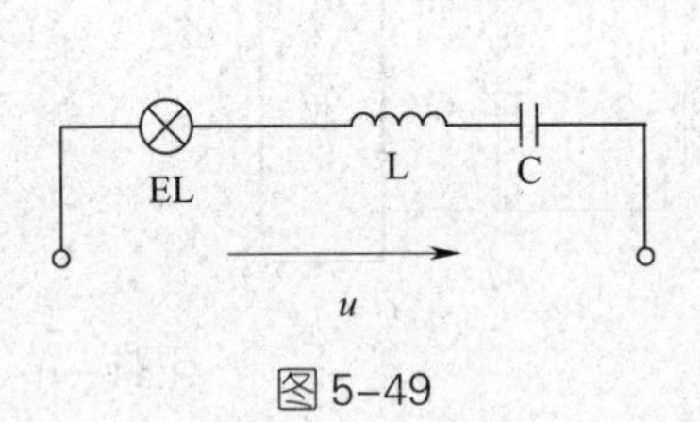

图 5–49

4. 白炽灯与电容器组成的电路如图 5–50 所示，由交流电源供电，如果交流电的频率减小，则电容器的（　　）。

A. 电容量增大　　B. 电容量减小

C. 容抗增大　　D. 容抗减小

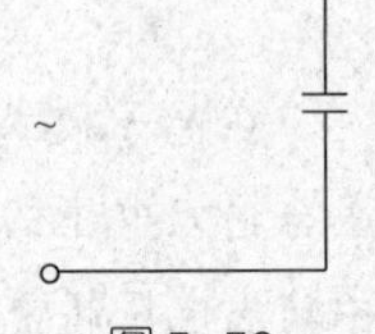

图 5–50

5. 白炽灯与线圈组成的电路如图 5–51 所示，由交流电源供电，如果交流电的频率增大，则线圈的（　　）。

A. 电感增大　　B. 电感减小

C. 感抗增大　　　　　　　　　　　　D. 感抗减小

6. 如图 5–52 所示，三灯泡均正常发光，当电源电压不变、频率 f 变小时，灯的亮度变化情况是（　　）。

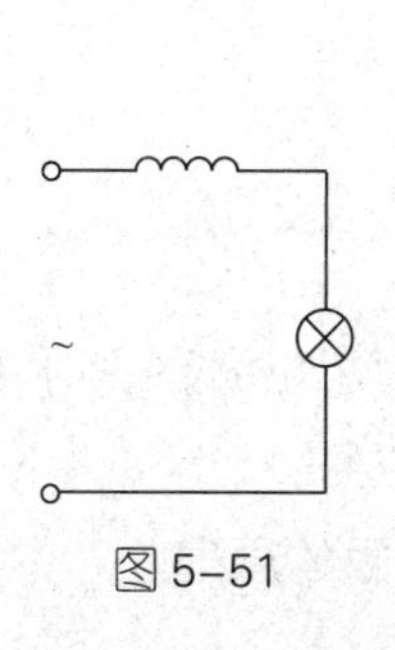

图 5–51

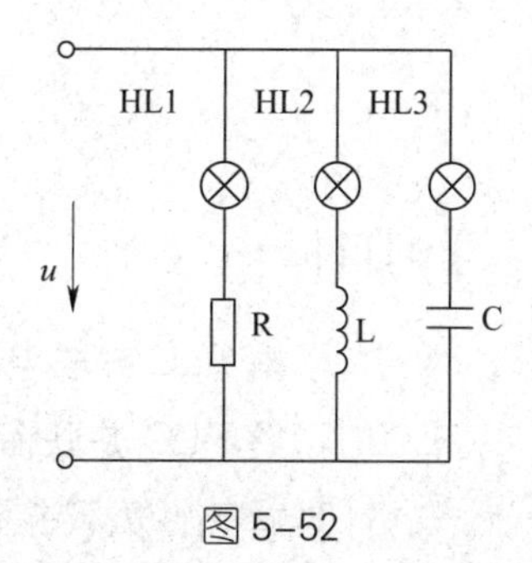

图 5–52

A. HL1 不变，HL2 变暗，HL3 变暗

B. HL1 变亮，HL2 变亮，HL3 变暗

C. HL1、HL2、HL3 均不变

D. HL1 不变，HL2 变亮，HL3 变暗

7. 如图 5–53 所示 RL 串联电路中，电压表 PV1 的读数为 10 V，PV2 的读数也为 10 V，则电压表 PV 的读数应为（　　）。

A. 0　　　　　　　　　　　　B. 10 V

C. 14.1 V　　　　　　　　　　D. 20 V

8. 如图 5–54 所示电路中，当交流电源的电压大小不变而频率降低时，电压表的读数将（　　）。

A. 增大　　　　　　B. 减小　　　　　　C. 不变

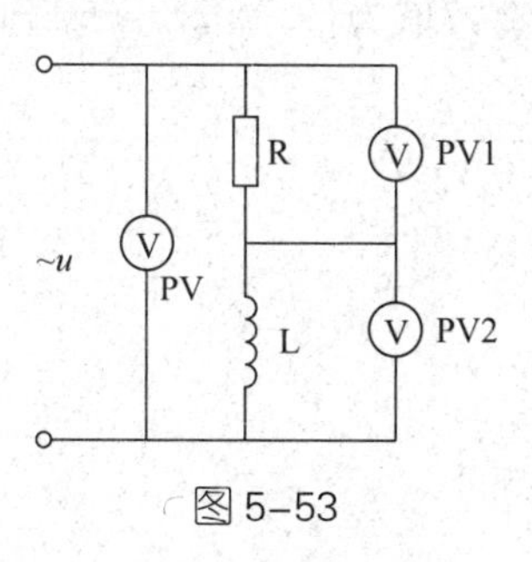

图 5–53

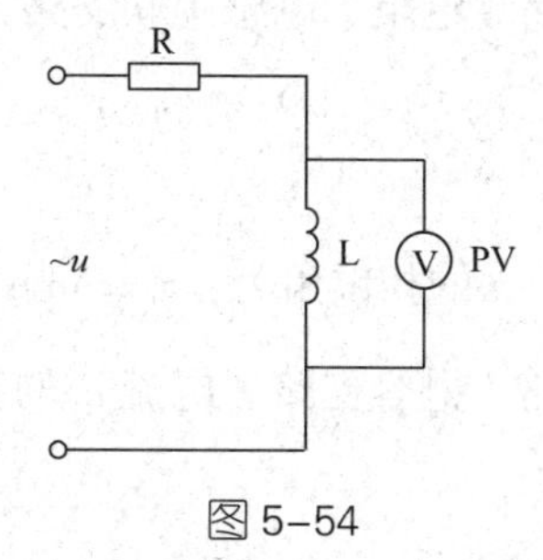

图 5–54

§5-5 RLC 并联电路

学习目标

1. 了解 RLC 并联电路中电压与电流之间的相位关系和数量关系。
2. 了解 RLC 并联谐振电路的特点和应用。
3. 理解感性负载并联电容提高功率因数的原理。

RLC 并联电路的实际电路是电感线圈与电容器的并联电路。而实际电路中的电感线圈又相当于电阻、电感串联，这就构成了如图 5-55 所示的电阻 R 与电感 L 串联、再与电容 C 并联的电路。

一、电压与电流的关系

设在电路两端加一正弦电压 u，那么在两并联支路中就会产生同频率的正弦电流 i_1 和 i_C，其方向如图 5-55 中所示。如果各支路的参数 R、X_L、X_C 已知，则各支路的电流的大小及与电压的相位差可根据前面所讲过的分析方法求出。

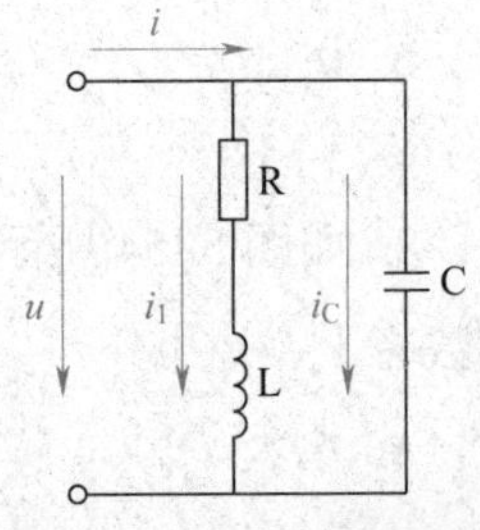

图 5-55　RLC 并联电路

第一支路（电阻、电感串联支路）电流 i_1 的有效值为：

$$I_1 = \frac{U}{Z_1} = \frac{U}{\sqrt{R^2 + X_L^2}}$$

i_1 滞后于 u 的相位角为：$\varphi_1 = \arctan\frac{X_L}{R}$。

第二支路（电容支路）电流 i_C 的有效值为：

$$I_C = \frac{U}{Z_2} = \frac{U}{X_C}$$

i_C 超前于电压 u 的相位角为：$\varphi_C=90°$ 。

下面用相量图来分析总电流与总电压的数量关系和相位关系。

1．相量图

电流的参考方向如图 5-55 所示，电路总电流与两分支电流的关系为：

$$i=i_1+i_C$$

其相量关系如图 5-56 所示。根据 i_1 与 i_C 的大小、相位不同，电路可能呈现电感性、电容性或电阻性三种不同的性质。

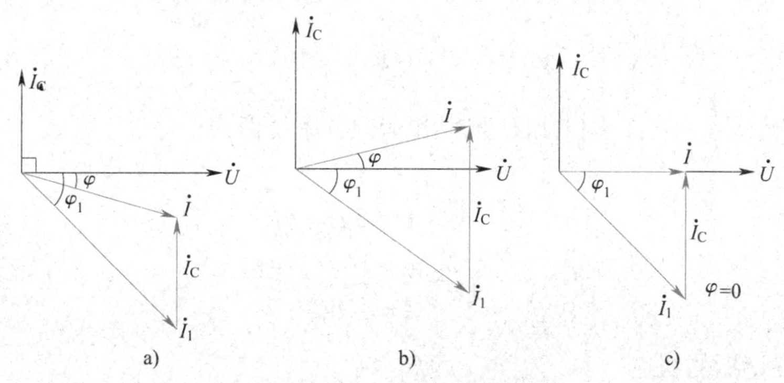

图 5-56　RLC 并联电路相量图

a）电感性　b）电容性　c）电阻性

根据相量图可以计算出，无论哪种情况，都有：

$$I = \sqrt{(I_1\cos\varphi_1)^2 + (I_1\sin\varphi_1 - I_C)^2}$$

总电流滞后电压的相位差：

$$\varphi = \arctan\frac{I_1\sin\varphi_1 - I_C}{I_1\cos\varphi_1}$$

2．电路的三种性质

由以上分析可以看出，电路的性质与 $I_1\sin\varphi_1-I_C$ 的大小有关。

（1）电感性电路

当 $I_1\sin\varphi_1-I_C>0$ 时，总电压超前总电流，如图 5-56a 所示，φ为正值，电路呈电感性。

（2）电容性电路

当 $I_1\sin\varphi_1-I_C<0$ 时，总电压滞后总电流，如图 5-56b 所示，φ为负值，电路呈电容性。

（3）谐振电路

当 $I_1\sin\varphi_1-I_C=0$ 时，总电压和总电流同相位，如图 5-56c 所示，φ为零，整个电路呈电阻性，总电流等于 $I_1\cos\varphi_1$，这种情况称为电路发生并联谐振。

二、并联谐振

1．并联谐振的频率

因为 $$I_1\sin\varphi_1 = \frac{U}{Z_1}\cdot\frac{X_L}{Z_1} = U\frac{X_L}{Z_1^2} = U\frac{\omega L}{R^2+(\omega L)^2}$$

$$I_C=\frac{U}{X_C}=U\omega C$$

谐振时
$$\frac{\omega_0 L}{R^2+(\omega_0 L)^2}=\omega_0 C$$

化简得
$$(\omega_0 L)^2=\frac{L}{C}-R^2$$

一般情况下 $\frac{L}{C}\gg R^2$，则谐振角频率和谐振频率近似为：

$$\omega_0\approx\frac{1}{\sqrt{LC}}$$

$$f_0\approx\frac{1}{2\pi\sqrt{LC}}$$

2．并联谐振的特点

（1）电路的总阻抗最大，总电流最小

根据前面对图 5-59c 所示的相量图分析可知，谐振时的总电流为：

$$I_0=I_1\cos\varphi_1=\frac{U}{\sqrt{R^2+X_L^2}}\cdot\frac{R}{\sqrt{R^2+X_L^2}}=U\frac{R}{R^2+X_L^2}$$

此时电路的总电流最小，电路的总阻抗最大，为：

$$Z_0=\frac{U}{I_0}=\frac{R^2+X_L^2}{R}$$

（2）谐振时两支路可能产生过电流

由图 5-56c 可以看出，由于 φ_1 不同，并联谐振时，两条支路的电流可能会比总电流大许多倍，所以，并联谐振也称为电流谐振。由于 $\varphi_1=\arctan\frac{X_L}{R}$，又有品质因数 $Q=\frac{X_L}{R}$，则 $Q=\tan\varphi_1$，因此这个特性通常也用品质因数来描述。

3．并联谐振的应用

并联谐振电路主要用来构造选频器或振荡器等，广泛用于电子设备中。图 5-57 所示为用并联谐振选择信号的原理图，当电路对电源某一频率谐振时，谐振回路呈现很大的阻抗，因而电路中的电流很小。这样在内阻上的压降也很小，于是在 A、B 两端就得到一个高电压输出。而对于其他频率，电路不发生谐振，阻抗较小，电流就较大，在内阻上的压降也较大，致使这些不需要的频率信号在 A、B 之间所形成的电压很低。这样便起到了选择信号的作用。收音机、电视机中的中频变压器就是由并联谐振电路构成的。

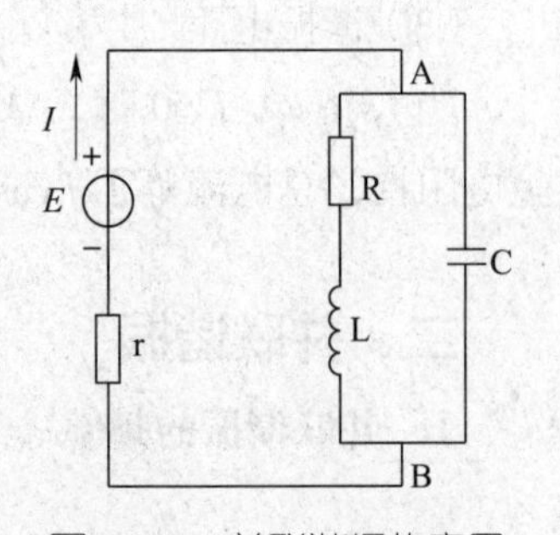

图 5-57　并联谐振的应用

三、提高功率因数

1. 提高功率因数的意义

功率因数是高压供电线路的运行指标之一，它反映了电源设备的容量利用率。功率因数可以用功率因数表测量，如图 5-58 所示。功率因数越大，负载消耗的有功功率越多，同时与电源交换的无功功率越小。如电灯、电炉的功率因数近似为 1，说明它们基本只消耗有功功率；异步电动机功率因数为 0.7 ~ 0.9，说明它们工作时需要一定量的无功功率。功率因数越低，该电源设备所发出的有功功率越小，电源设备利用率越低。当负载有功功率和电源电压一定时，功率因数越低，则线路上的功率损耗也越大。为了减少电能损耗、改善供电质量，就必须提高功率因数。

图 5-58 功率因数表

2. 提高功率因数的方法

（1）提高用电设备自身的功率因数

异步电动机和变压器是占用无功功率最多的电气设备，当电动机实际负荷比其额定容量低许多时，功率因数将急剧下降，造成电能的浪费。要提高功率因数就要合理选用电动机，并尽量避免电动机空转或长时间处于轻载运行状态。

（2）并接电容器补偿

通过前面对图 5-56 的分析可知，若仅有 RL 支路，则其功率因数为 $\cos\varphi_1$，而并联电容支路后，在图 5-56a 的情况下，电路的功率因数为 $\cos\varphi$，已大于原功率因数 $\cos\varphi_1$；在图 5-56c 的情况下，更是达到了 1。可见，可以通过并联电容器来提高功率因数。这一方法也适用于其他电感性电路，在实际生产中，改善功率因数最常用的方法就是在感性负载两端并接补偿电容。图 5-59 所示为低压配电柜中的电容器组。

对于类似图 5-56a 的情况，补偿后电路仍为电感性，称为欠补偿；对于类似图 5-56b 的情况，补偿后电路已呈电容性，称为过补偿。

图 5-59 低压配电柜中的电容器组

小提示

在感性负载两端并接补偿电容后，提高了电路的功率因数，但电路的有功功率并未改变。

巩固练习

1. 在电阻、电感串联再与电容并联的电路中，改变电容使电路发生谐振时，电容支路电流（　　）。

A. 大于总电流　　B. 小于总电流

C. 等于总电流　　D. 不一定

2. 图 5-60 所示并联谐振电路中，L=0.8 mH，电阻可忽略，若选频信号为 f_0=465 kHz，求电容 C 应调到多大。

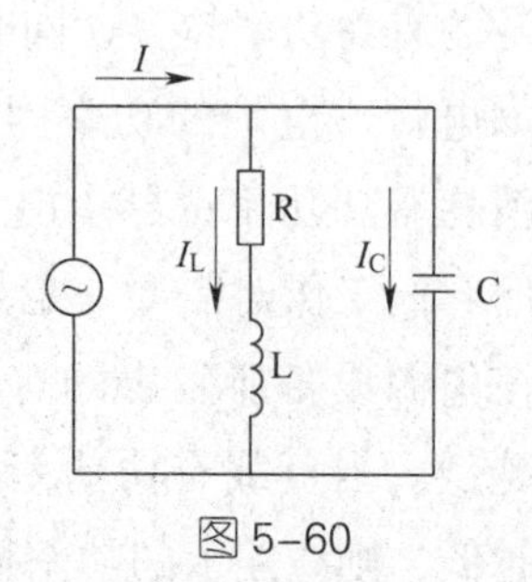

图 5-60

3. 简述串联谐振电路与并联谐振电路的异同点。

4. 一台发电机额定电压为 220 V，输出的总功率为 4 400 kV · A。

（1）该发电机向额定工作电压为 220 V、有功功率为 4.4 kW、功率因数为 0.5 的用电器供电，能供多少个这样的用电器正常工作?

（2）当功率因数提高到 0.8 时，发电机能供多少个这样的用电器正常工作?

5. 一座发电站以 220 kV 的高压给用户输送 4.4×10^5 kW 的电力，如果输电线路总电阻为 10 Ω，求当负载的功率因数由 0.5 提高到 0.8，输电线上一天可少损失多少电能。

实验与实训 7　单相交流电路的测量

一、实验目的

1. 掌握串联交流电路中总电压与各分电压的关系。
2. 掌握并联交流电路中总电流与各分电流的关系。
3. 能熟练使用交流电压表、电流表。

二、实验器材

白炽灯（220 V/25 W）2 只，镇流器（220 V/40 W）1 只，油浸纸介电容器（2 μF/600 V）1 只，交流电压表（0 ~ 500 V）（或用万用表）1 只，交流电流表（0 ~ 1 A）3 只，导线、开关等。

三、实验步骤

1. 电阻串联电路

按图 5-61 所示连接电路，检查无误后接通电源。电流表读数 I=________A，测量电源电压 U=________V，两只灯泡两端电压 U_1=________V，U_2=________V。

2. RL 串联电路

按图 5-62 所示连接电路，检查无误后接通电源。电流表读数 I=________A，测量电源电压 U=________V，灯泡两端电压 U_R=________V，镇流器两端电压 U_L=________V。

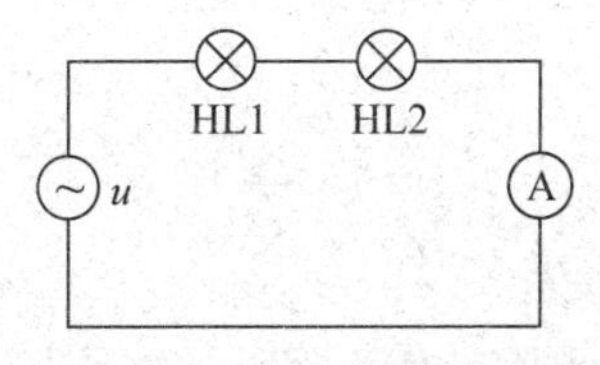

图 5-61 两只白炽灯串联

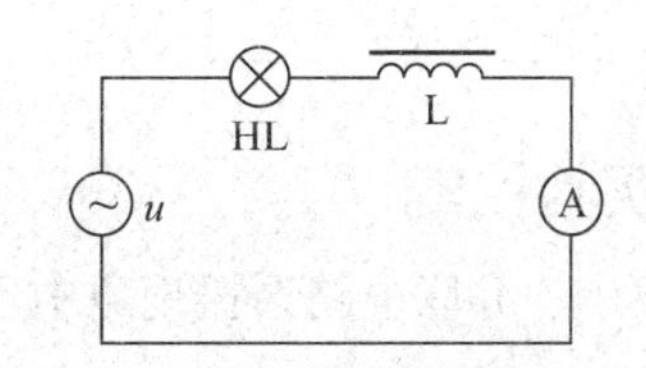

图 5-62 白炽灯与镇流器串联

3. RLC 串联电路

按图 5-63 所示连接电路，检查无误后接通电源。电流表读数为 I=________A，测量灯泡两端电压 U_R=______V，镇流器两端电压 U_L=______V，电容器两端电压 U_C=______V。

4. RC 并联电路

按图 5-64 所示连接电路，检查无误后接通电源。三只电流表的读数分别为 I=______A，I_R=________A，I_C=________A。

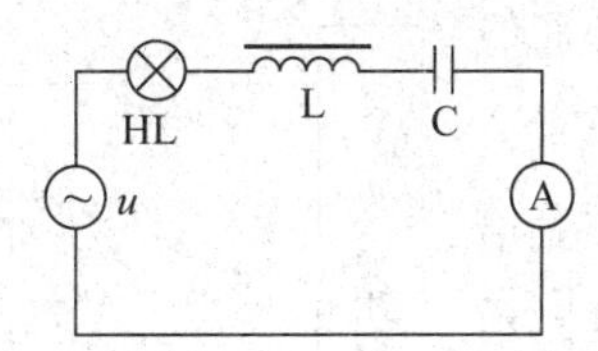

图 5-63 白炽灯、镇流器和电容器串联

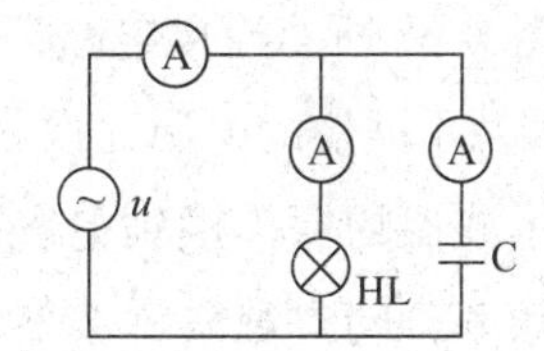

图 5-64 白炽灯与电容器并联

巩固练习

1. 两白炽灯串联的电路中，两灯泡的电压之和等于电路的总电压吗？为什么？

2. 白炽灯与镇流器串联的电路中，U_R+U_L 等于电路的总电压 U 吗？为什么？它们应该符合什么关系？作出它们的相量图。

3. 白炽灯、镇流器和电容器串联的电路中，$U_R+U_L+U_C$ 等于电路的总电压 U 吗？为什么？它们应该符合什么关系？作出它们的相量图。

4. 利用实验数据计算以下各量：Z、R、X_L、X_C、P、Q、$\cos\varphi$。

5. 白炽灯和电容器并联的电路中，I_R+I_C 等于电路中的总电流 I 吗？为什么？作出它们的相量图。

实验与实训 8　观察串、并联电路谐振现象

一、实验目的

1. 观察串、并联电路谐振现象中各物理量的变化。

2. 掌握谐振特性及通频带、选择性的物理意义及调谐方法。

3. 能正确使用低频信号发生器。

二、实验器材

低频信号发生器 1 台，示波器 1 台，电感器（150 mH）1 只，电容器（0.47 μF）1 只，电阻器 22 Ω、220 Ω 各 1 只，交流电流表（0 ~ 30 mA）1 台。

三、实验步骤

1. 串联谐振实验

（1）按图 5-65 所示连接电路，检查无误后接通低频信号发生器及示波器的电源，预热后即可进行实验。

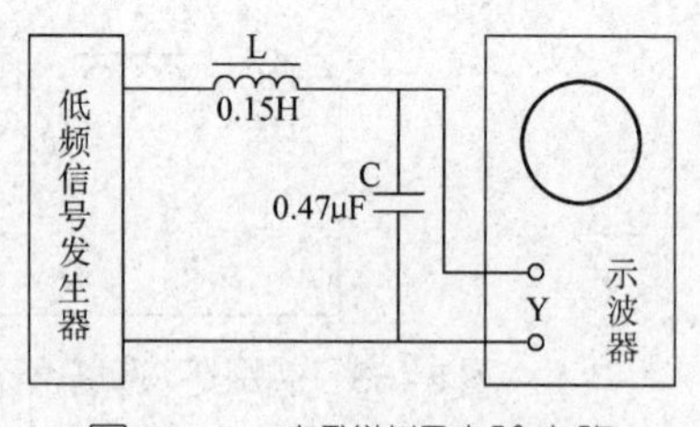

图 5-65　串联谐振实验电路

（2）将示波器的探头接到电容器的两端，改变信号发生器的频率，同时观察示波器上的波形幅度，示波器波形的幅度达到最大值时的频率即为谐振频率，记入表 5-9 中。

表 5-9　测量结果记录

谐振类型		串联谐振	并联谐振
谐振频率 f_0/Hz			
谐振时电容器两端的电压 U_C/V			
谐振时电感器两端的电压 U_L/V			
低频方向	幅度下降到 70% 时的频率 /Hz		
高频方向	幅度下降到 70% 时的频率 /Hz		

（3）由示波器的刻度记下谐振时电容器上的电压，然后将示波器的输入探头接至电感器两端，观察其幅度，记下电压值。

（4）谐振时微调信号发生器的频率：向低频方向微调，使示波器显示的幅度下降到 70% 时，记下信号发生器的频率值；向高频端调节信号的频率使之恢复到谐振频率后，继续微调信号的频率，使示波器显示的幅度下降到 70% 时，记下频率值。

2. 并联谐振实验

（1）将线路板按图 5-66 所示连接。

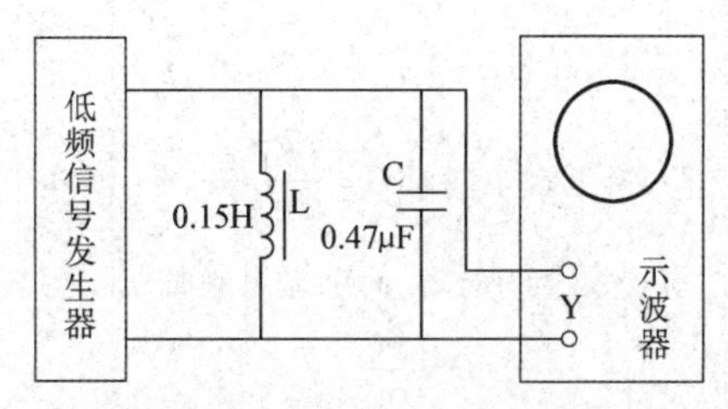

图 5-66 并联谐振实验电路

（2）重复串联谐振实验步骤（2）~（4）进行实验，将测量数据填入表 5-9 中。

巩固练习

1. 根据实验数据，谐振频率和通频带（即示波器显示的幅度大于最大值 70% 的范围）各为多少?

2. 为什么在做串联谐振实验时，信号源电压不能过大?

本章小结

1. 正弦交流电的解析式（瞬时值表达式），以电压为例，为

$$u = U_m\sin(\omega t + \varphi_0) = U_m\sin(2\pi ft + \varphi_0)$$

2. 最大值、角频率和初相位称为正弦交流电的三要素。与三要素相关的主要概念还有：频率 $f = \frac{\omega}{2\pi}$；周期 $T = \frac{1}{f}$；有效值 $I = \frac{I_m}{\sqrt{2}}$、$U = \frac{U_m}{\sqrt{2}}$、$E = \frac{E_m}{\sqrt{2}}$；平均值 $I_P = \frac{2}{\pi}I_m$、$U_P = \frac{2}{\pi}U_m$、$E_P = \frac{2}{\pi}E_m$。

3. 电容对交流电的阻碍作用称为容抗，用 X_C 表示，容抗的单位是欧姆（Ω）。容抗的计算式为

$$X_C = \frac{1}{\omega C} = \frac{1}{2\pi fC}$$

容抗与频率的关系可以简单概括为：隔直流，通交流，阻低频，通高频。因此，电容也称为高通元件。

4. 电容器串、并联的特点见表 5-10。

表 5-10　电容器串、并联的特点

名称	串联	并联
等效电容	等效电容的倒数等于各串联电容倒数之和 $\frac{1}{C}=\frac{1}{C_1}+\frac{1}{C_2}+\frac{1}{C_3}+\cdots\cdots+\frac{1}{C_n}$ 两电容串联时 $C=\frac{C_1C_2}{C_1+C_2}$ n 个容量均为 C_0 的电容串联时 $C=\frac{C_0}{n}$	等效电容等于各并联电容之和 $C=C_1+C_2+C_3+\cdots+C_n$ n 个容量均为 C_0 的电容并联时 $C=nC_0$
电量	各电容中的电量相同 $Q=Q_1=Q_2=Q_3=\cdots=Q_n$	总电量为各电容上电量之和 $Q=Q_1+Q_2+Q_3+\cdots+Q_n$
电压	总电压等于各电容上电压之和 $U=U_1+U_2+U_3+\cdots+U_n$ 电压分配与电容成反比 $\frac{U_1}{U_2}=\frac{C_2}{C_1}$	各电容上的电压相等 $U=U_1=U_2=U_3=\cdots=U_n$

5. 电感对交流电的阻碍作用称为感抗，用 X_L 表示。感抗的单位是欧姆（Ω）。感抗的计算式为

$$X_L = \omega L = 2\pi fL$$

感抗与频率的关系可以简单概括为：通直流，阻交流，通低频，阻高频。因此，电感也称为低通元件。

6. 电容和电感都是储能元件。

7. 单一参数交流电路的特性见表 5-11。

表 5-11　单一参数交流电路的特性

电路性质	电压与电流有效值的关系	电压与电流的相位关系	功率
电阻性	$U=RI$	同相	$P=UI$
电感性	$X_L=2\pi fL$，$U=X_LI$	电压超前电流 90°	$P=0$ $Q=UI$
电容性	$X_C=\frac{1}{2\pi fC}$，$U=X_CI$	电压滞后电流 90°	$P=0$ $Q=UI$

8. 多个参数的交流电路中，电路总电压 $U=IZ$；有功功率 $P=UI\cos\varphi$；无功功率 $Q=UI\sin\varphi$；视在功率 $S=UI$；其中 $\cos\varphi$ 为功率因数。

9. 在 RLC 串联电路中，阻抗 $Z=\sqrt{R^2+(X_L-X_C)^2}$。当 $X_L=X_C$ 时，电路总电流与总电压同相，电路呈电阻性，称为串联谐振，又称电压谐振。此时总阻抗最小，总电压最小，但电感和电容两端的电压会大大超过电源电压。

串联谐振时，频率 $f=\dfrac{1}{2\pi\sqrt{LC}}$；电路品质因数 $Q=\dfrac{X_L}{R}=\dfrac{X_C}{R}$。

10. 在 RLC 并联电路中，当电感线圈支路与电容支路的电流关系为 $I_1\sin\varphi_1=I_C$ 时，电路总电流与总电压同相，电路呈电阻性，称为并联谐振，又称电流谐振。此时总阻抗最大，总电流最小，但电感或电容支路的电流会大大超过总电流。

并联谐振时，频率 $f=\dfrac{1}{2\pi\sqrt{LC}}$；电路品质因数 $Q=\dfrac{X_L}{R}$。

第六章
三相交流电路

§6-1 三相交流电源

学习目标

1. 了解三相交流电的产生和特点。
2. 掌握三相电源绕组星形连接时线电压和相电压的关系。
3. 了解三相四线制、三相五线制和三相三线制供电方式。

观察电力供电线路所采用的架空线和电缆线，可以发现它们通常都是由三根线组成。工矿企业大量使用的三相异步电动机，在其接线盒的入线端，也要接入三根电源线（图 6-1）。

a）

b）

图 6-1　三相线路

a）架空线　b）三相异步电动机电源线

电力供电线路所输送的和三相异步电动机所接入的都是三相交流电。那么，什么是三相交流电呢？概括地说，三相交流电就是三个单相交流电按一定方式进行的组合，这三个单相交流电的频率相同、最大值相等、相位彼此相差 120°。

目前电能的产生、输送和分配几乎都采用三相交流电。和单相交流电相比，三相交流电具有以下优点：

（1）三相发电机比体积相同的单相发电机输出的功率要大。

（2）三相发电机的结构不比单相发电机复杂多少，而使用、维护都比较方便，运转时比单相发电机的振动要小。

（3）在同样条件下输送同样大的功率，特别是在远距离输电时，三相输电比单相输电节约材料。

（4）从三相电力系统中可以很方便地获得三个独立的单相交流电。当有单相负载时，可使用三相交流电中的任意一相。

一、三相交流电动势的产生

图 6-2a 所示为三相交流发电机的示意图。它主要由定子和转子组成，转子是电磁铁，其磁极表面的磁场按正弦规律分布。定子铁芯中嵌放三个在尺寸、匝数和绕法上完全相同的线圈绕组，三相绕组始端分别用 U1、V1、W1 表示，末端用 U2、V2、W2 表示，分别称为 U 相、V 相、W 相，发电机的三根引出线及配电站的三根电源线分别以黄（U）、绿（V）、红（W）三种颜色作为标志。三个绕组在空间位置上彼此相隔 120°。

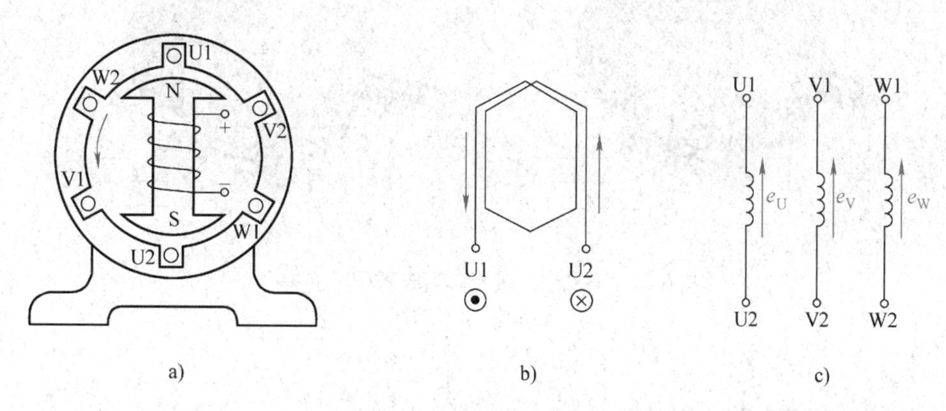

图 6-2　三相交流发电机

a）三相交流发电机示意图　b）电枢绕组　c）三相绕组及其电动势

当转子在外力带动下以角速度 ω 做逆时针匀速转动时，三相定子绕组依次切割磁感线，产生三个对称的正弦交流电动势，其解析式为

$$\begin{cases} e_U = E_m\sin(\omega t + 0°) \\ e_V = E_m\sin(\omega t - 120°) \\ e_W = E_m\sin(\omega t + 120°) \end{cases}$$

e_U、e_V、e_W 的波形图和相量图如图 6-3 所示。

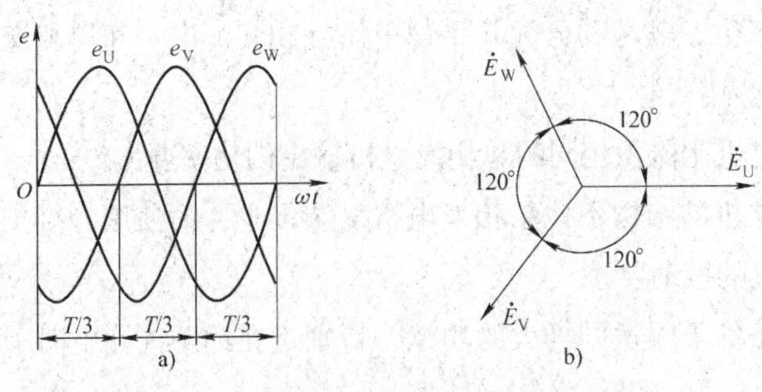

图 6–3　三相对称电动势的波形图和相量图

a）波形图　b）相量图

三相对称交流电动势到达最大值的先后次序称为相序。如按 U → V → W → U 的次序循环称为正序；按 U → W → V → U 的次序循环则称为负序。

规定每相电动势的正方向是从线圈的末端指向始端（图 6–2b），即电流从始端流出时为正，反之为负。三相异步电动机接入电源线时，必须使电源相序与电动机绕组相序相同，即如图 6–4a 所示，电动机出线端 U1、V1、W1 分别与电源 L1（黄）、L2（绿）、L3（红）相线连接，这样才能保证电动机旋转方向正确。如果按负序连接，则电动机旋转方向相反，如图 6–4b 所示。

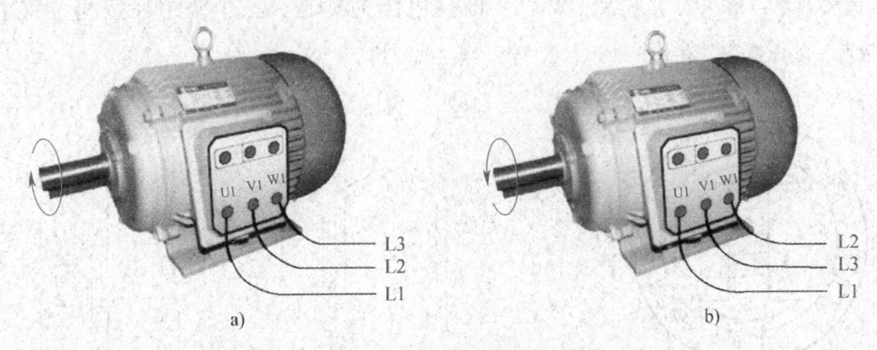

图 6–4　电动机旋转方向与电源相序的关系

a）正序　b）负序

二、三相四线制供电

三相交流发电机的每个线圈上接一个负载，就得到 3 个独立的单相电路，如图 6–5 所示。这样要用六根导线，很不经济。实际上，三相电源通常都采用星形连接方式，如图 6–6a 所示。

将三相交流发电机中三相绕组的末端 U2、V2、W2 连接在一起，成为一个公共点，始端 U1、V1、W1 引出作输出线，这种连接方式称为星形连接，用“Y”表示。从三个线圈始端 U1、V1、W1 引出的三根线称为相线或端线（俗称火线），用 L1、L2、L3 表示，并分别用黄、绿、红三种颜色作为标志。三个线圈的末端连接在一起，成为一

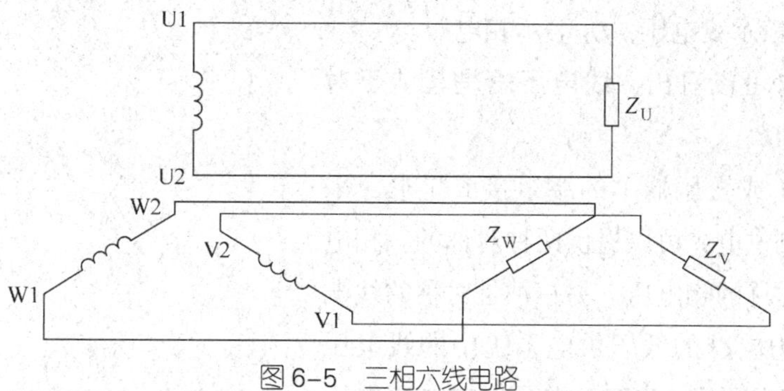

图 6-5 三相六线电路

个公共点，称为**中性点**，简称**中点**，用 N 表示；从中性点引出的输电线称为**中性线**，简称**中线**。中线通常与大地相接，接地的中性点称为零点，接地的中性线称为**零线**。工程上，零线或中线所用导线一般用蓝色或黑色表示。有时为了简便，常不画发电机的线圈连接方式，只画四根输电线表示相序，如图 6-6b 所示。

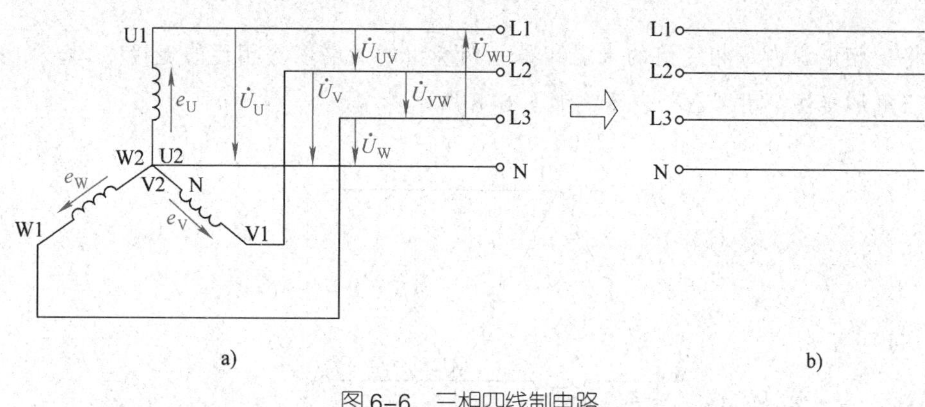

图 6-6 三相四线制电路

a）三相电源的星形连接 b）相序的简化表示

采用三根相线和一根中线的输电方式称为**三相四线制**；目前在低压供电系统中多数采用三相四线制供电。

相线与相线之间的电压称为电源的**线电压**。分别用 $\dot{U}_{UV}$、$\dot{U}_{VW}$、$\dot{U}_{WU}$ 表示，规定线电压的参考方向是自 U 相指向 V 相、V 相指向 W 相、W 相指向 U 相。相线与中性点之间的电压称为电源的**相电压**。分别用 $\dot{U}_U$、$\dot{U}_V$、$\dot{U}_W$ 表示，规定相电压的参考方向为始端指向末端。

作出 $\dot{U}_U$、$\dot{U}_V$、$\dot{U}_W$ 的相量图（图 6-7），可得线电压与相电压之间的关系为

$$\dot{U}_{UV} = \dot{U}_U - \dot{U}_V \qquad \dot{U}_{VW} = \dot{U}_V - \dot{U}_W \qquad \dot{U}_{WU} = \dot{U}_W - \dot{U}_U$$

又因为 $\dot{U}_{UV} = \dot{U}_U - \dot{U}_V = \dot{U}_U + (-\dot{U}_V)$，在图中作出 $-\dot{U}_V$，利用几何方法可以求出三个线电压，它们也是对称三相电压，其有效值为

$$U_L = \sqrt{3}U_P$$

式中 U_L 表示线电压，U_P 表示相电压。

从图 6–7 可以看出，**线电压总是超前于对应的相电压 30°**。

发电机（或变压器）的绕组接成星形，采用三相四线制供电，可以提供两种对称的三相电压，一种是对称的相电压，另一种是对称的线电压。目前电力电网的低压供电系统中的线电压为 380 V，相电压为 220 V，常写作“电源电压 380/220 V”。

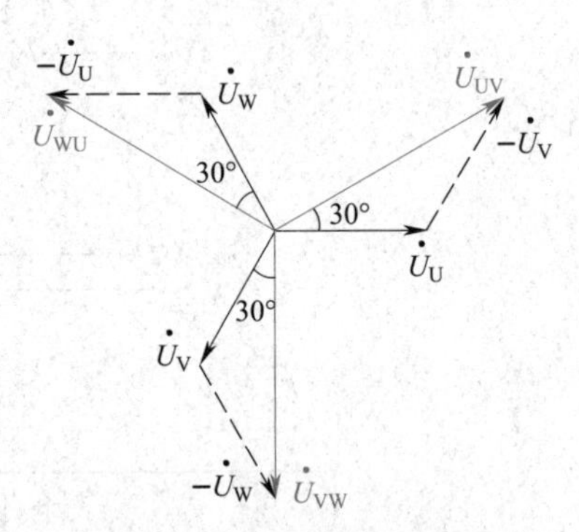

图 6–7　三相四线制线电压与相电压的相量图

知识拓展

三相电源绕组的三角形连接

将三相电源内每相绕组的末端和另一相绕组的始端依次相连的连接方式，称为电源的三角形接法，用“△”表示，如图 6–8 所示。

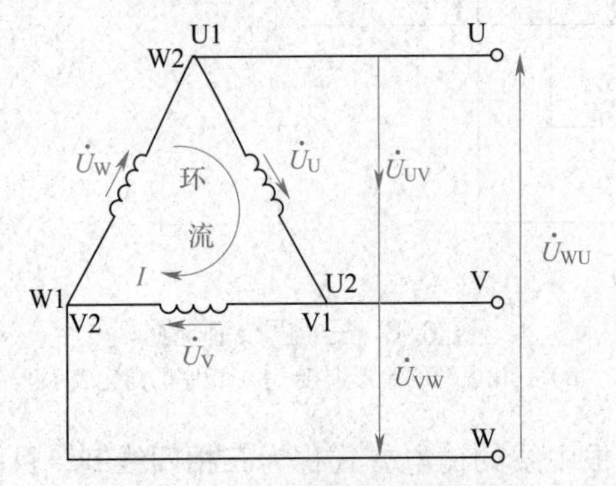

图 6–8　电源绕组的三角形连接

在图 6–8 中可以明显看出，三相电源作三角形连接时，线电压就是相电压，即其有效值为：

$$U_L = U_P$$

若三相电动势对称，则三角形闭合回路的总电动势等于零，即：

$$\dot{E} = \dot{E}_U + \dot{E}_V + \dot{E}_W = 0$$

由此可以得出，这时电源绕组内部不存在环流。但若三相电动势不对称，则回路总电动势就不为零，此时即使外部没有负载，也会因为各绕组本身的阻抗均较小，使闭合回路内产生很大的环流，这将使绕组过热，甚至烧毁。因此，三相发电机绕组一般不采用三角形接法而采用星形接法。

三、三相五线制供电

三相五线制是在三相四线制的基础上，另增加一根专用保护线，称为**保护零线**（也称**接地线**）与接地网相连，从而更好地起到保护作用（图 6–9）。保护零线一般用**黄绿相间色**作为标志，用 PE 表示。相应地，原三相四线制中的零线一般称为工作零线。

工作生活中日常使用的单相交流电都是由三相五线制得来的。其中，取三条相线中的一条为相线，同时保留工作零线和保护零线。按照规范，单相三孔插座的接线必须遵循“**左零**（N）**右相**（L）**上接地**（PE）”的原则，单相两孔插座不接保护零线，遵循“左零（N）右相（L）”的原则（图 6–10）。

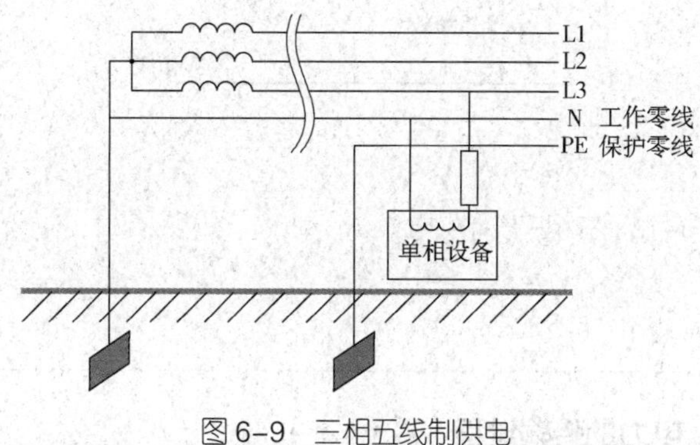

图 6–9　三相五线制供电

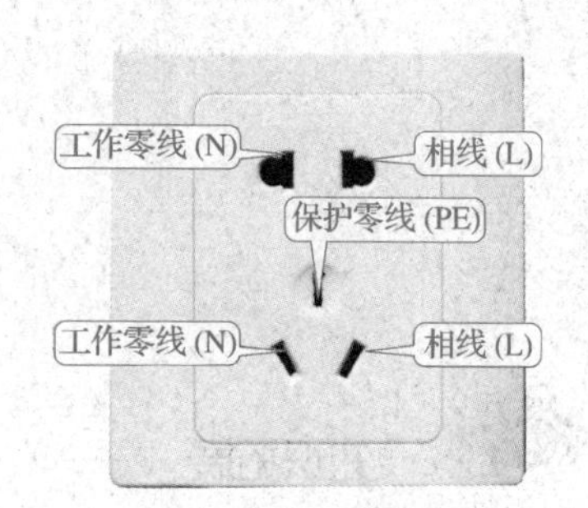

图 6–10　单相插座

图 6–11 所示为三相五线制供电系统示意图。

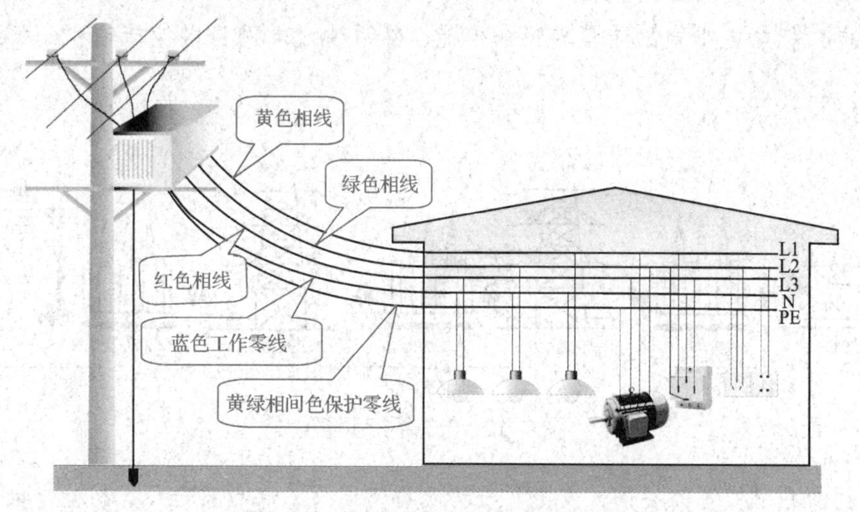

图 6–11　三相五线制供电系统示意图

四、三相三线制供电

三相三线制就是三相电源星形连接时，中性线不引出，由三根相线对外供电。如

图 6–12 所示。三相三线制供电只能向三相用电器供电，提供线电压，不能向单相用电器供电，主要用于高压供电线路和低压动力线路。

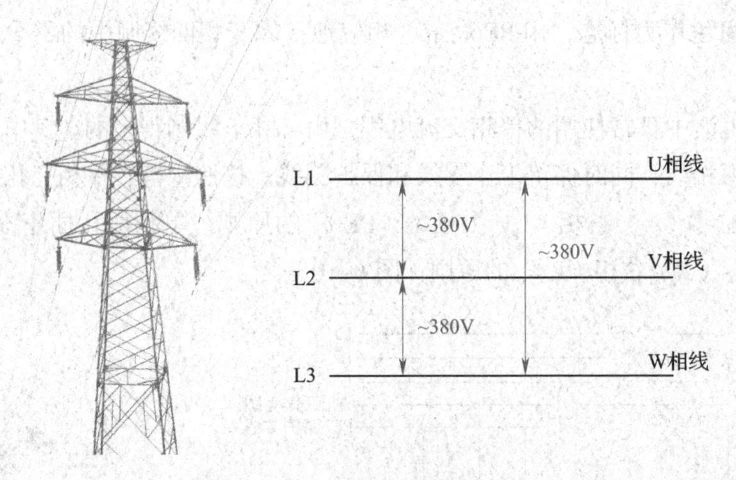

图 6–12　三相三线制供电

知识拓展

电力的传输过程

电力从产生、传输到使用的各个环节构成了电力系统（图 6–13）。在电力系统中，发电厂把非电形式的能量转换成电能，然后通过电网将电能传输和分配到最终用户。

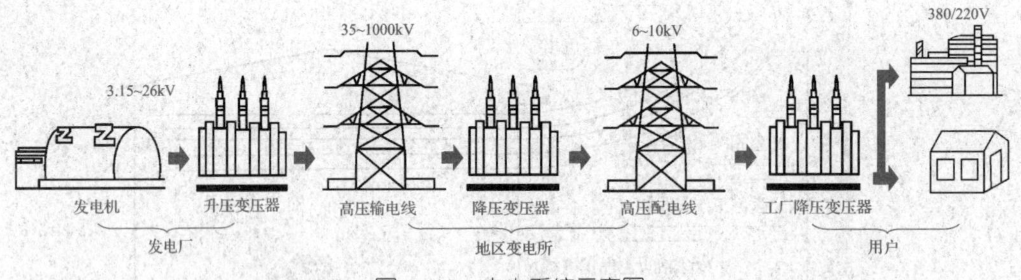

图 6–13　电力系统示意图

根据所利用能源的不同，发电厂分为水力发电厂、火力发电厂、核能发电厂、风力发电厂、太阳能发电厂等类型。我国发电厂发出的电一般都是三相交流电，电压等级主要有 10.5 kV、13.8 kV、15.75 kV、18 kV 等。

发电厂发出电能后，通过升压变压器将电压升高后再通过高压输电线路进行远距离输送，以减小线路上电压降和功率损耗。目前我国国家标准中规定的输电电压等级有 35 kV、110 kV、220 kV、330 kV、500 kV、1 000 kV 等。输送电能通常采用三相三线制交流输电方式。在靠近用户一侧，再通过降压变压器适当降压后向最终用户供电。

输配电线路电压都很高，因此在线路附近禁止放风筝、打鸟，更不能向电线、瓷瓶和变压器上扔杂物。

巩固练习

1. 对一般三相交流发电机的三个线圈中的电动势，正确的说法应是（　　）。

A. 它们的最大值不同

B. 它们同时达到最大值

C. 它们的周期不同

D. 它们达到最大值的时间依次落后 1/3 周期

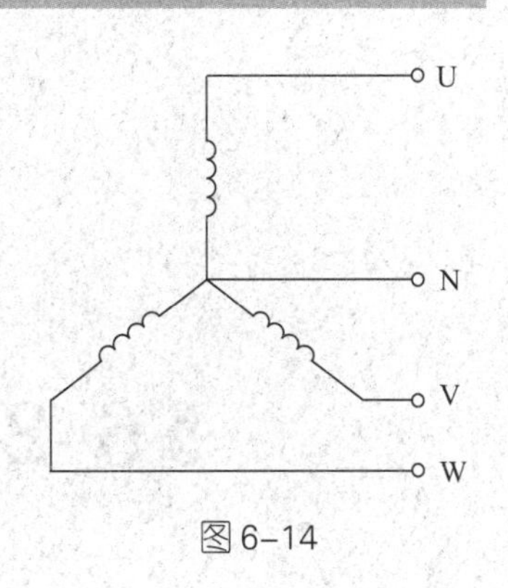

图 6–14

2. 已知相电压 $u_U=220\sqrt{2}\sin(314t)$ V，按习惯相序在图 6–14 中标出所有的相电压和线电压，写出其余的两个相电压和三个线电压的解析式。

3. 电压测量电路如图 6–15 所示，其中，______电路测量的是线电压，______电路测量的是相电压。

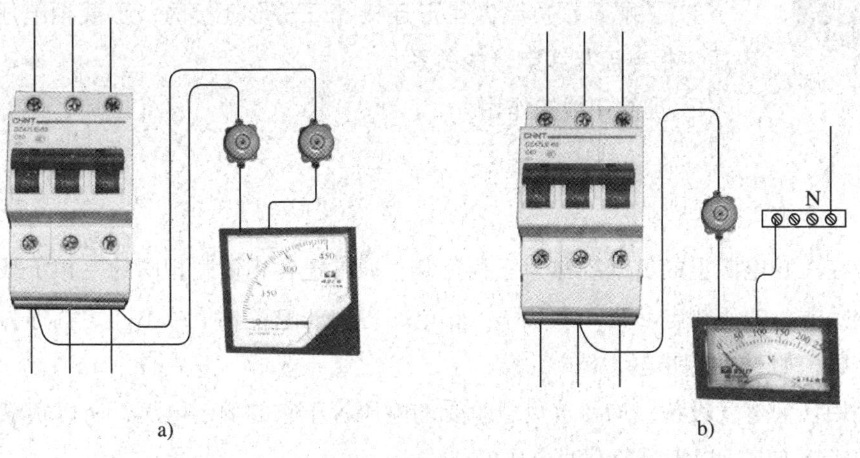

图 6–15

4. 三相异步电动机接线如图 6–16 所示，若按图 6–16a 所示，电动机是正转，则图 6–16b 所示电动机为______转，图 6–16c 所示电动机为______转。

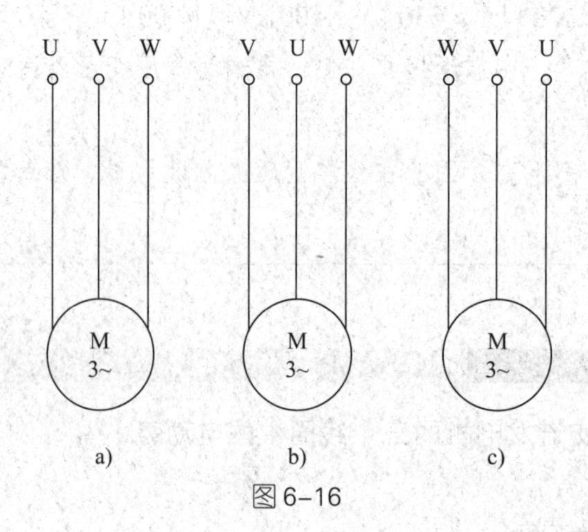

图 6–16

§6-2 三相负载的连接方式

学习目标

1. 了解三相负载做星形连接和三角形连接时，负载相电压与线电压、相电流与线电流的关系。

2. 理解中线的作用。

接在三相电源上的负载统称为三相负载。通常把各相负载相同的三相负载称为对称三相负载，如三相电动机、大功率三相电路等。如果各相负载不同，就称为不对称三相负载，如三相照明电路中的负载。

使用任何电气设备，均要求负载承受的电压等于它的额定电压，所以负载要采用一定的连接方式，以满足负载对电压的要求。

一、三相负载的星形连接

把三相负载分别接在三相电源的一根相线和中线之间的接法称为三相负载的星形连接，如图 6–17 所示。

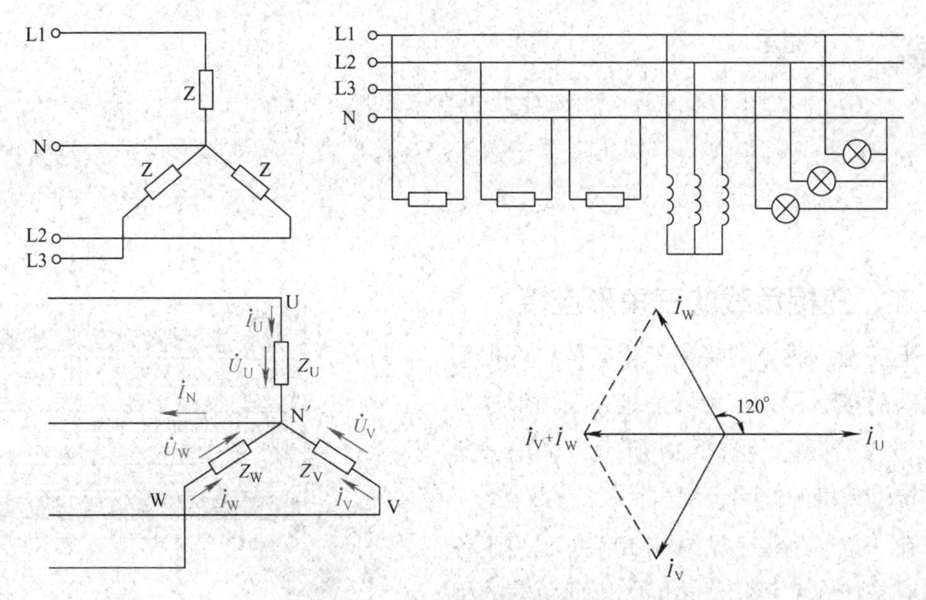

图 6–17 三相负载的星形连接

星形连接常用“Y”标记，图 6–18 所示为采用星形连接电动机的铭牌示例。

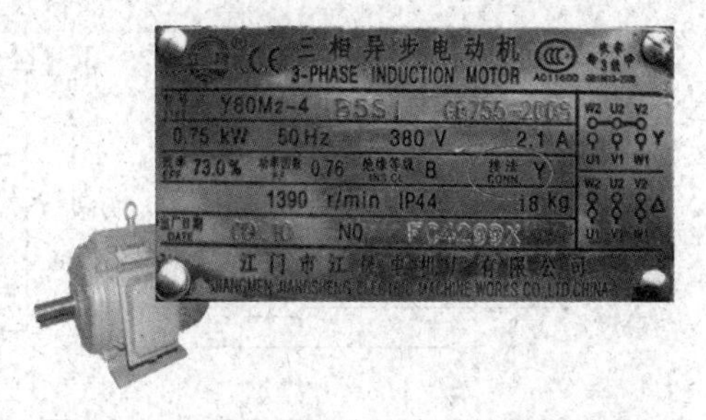

图 6–18 采用星形连接电动机的铭牌示例

负载两端的电压称为负载的相电压。在忽略输电线上的电压降时，负载的相电压就等于电源的相电压，电源的线电压为负载相电压的 $\sqrt{3}$ 倍，即 $U_L = \sqrt{3}U_{YP}$。线电压的相位超前相应的相电压 30°。

流过每相负载的电流称为**相电流**，流过每根相线的电流称为**线电流**。由图 6–17 可见，**线电流和相电流大小相等**，即

$$I_{YL} = I_{YP} = \frac{U_{YP}}{Z}$$

三相对称负载星形连接时中线电流为零，因此取消中线也不会影响三相负载的正常工作，三相四线制实际变成了三相三线制。通常在高压输电时，由于三相负载都是对称的三相变压器，所以都采用三相三线制供电方式。低压供电系统中的动力负载也采用这种供电方式。

但是在一般低压供电系统中，三相负载经常要变动（如照明电路中的灯具经常要开和关），是不对称负载，各相电流的大小不一定相等，相位差也不一定为 120°，中线电流也不为零，因此中线不能取消。这时，只有中线存在，才能保证三相电路成为三个互不影响的独立回路，不会因负载的变动而相互影响。当中线断开后，各相电压就不再相等了。计算和实际测量都证明，阻抗较小的相电压低，阻抗大的相电压高，这可能烧坏接在相电压升高线路中的电器。

小提示

在三相负载不对称的低压供电系统中，不允许在中线上安装熔断器或开关，而且中线常用钢丝制成，以免断开。应尽量使三相负载对称，保持三相平衡，以减小中线电流。

二、三相负载的三角形连接

把三相负载分别接在三相电源中两根相线之间的接法称为三角形连接，三角形连接常用“△”标记，图 6-19 所示为采用三角形连接电动机的铭牌示例。

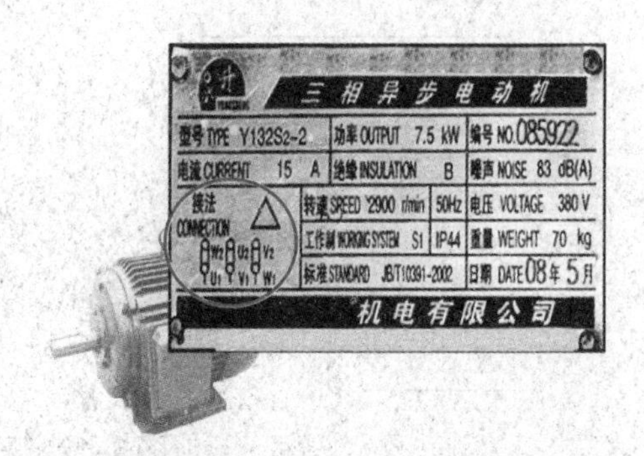

图 6-19　采用三角形连接电动机的铭牌示例

在三角形连接（见图 6-20）中，由于各相负载是接在两根相线之间，因此负载的相电压和电源的线电压大小相等，即 $U_{\triangle P}=U_L$。

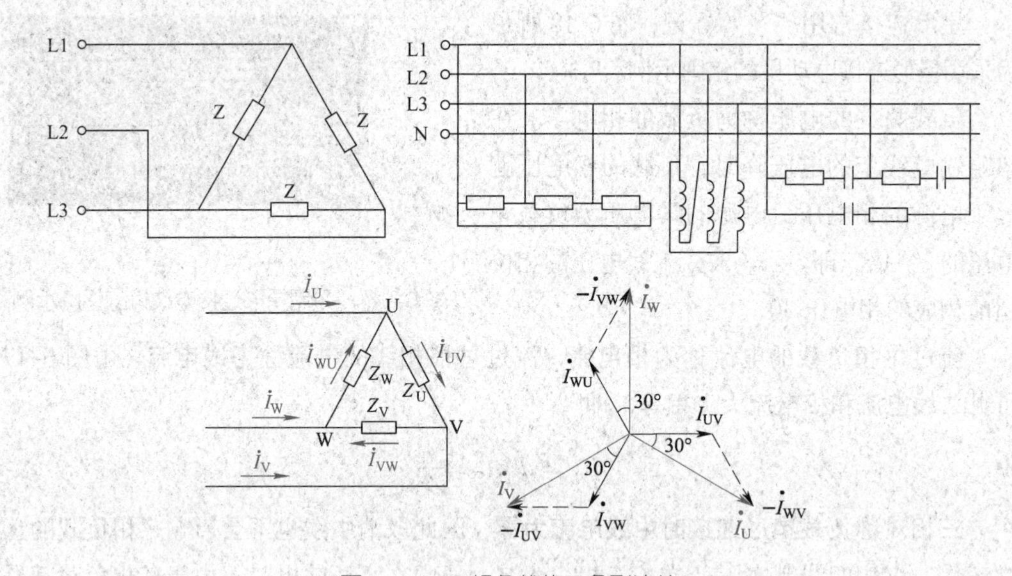

图 6-20　三相负载的三角形连接

三个相电流和三个线电流都是数值相等且相位互差 120° 的三相对称电流。线电流和相电流的关系为

$$I_{\triangle L}=\sqrt{3}I_{\triangle P}$$

线电流总是滞后于相应的相电流 30° 。

三相对称负载作三角形连接时的相电压是作星形连接时的相电压的$\sqrt{3}$倍。因此，三相负载接到电源中，是作三角形连接还是作星形连接，要根据负载的额定电压而定。

三、三相负载的功率

在三相交流电源中，三相负载消耗的总功率为各相负载消耗的功率之和，即

$$P = P_U + P_V + P_W = U_U I_U \cos\varphi_U + U_V I_V \cos\varphi_V + U_W I_W \cos\varphi_W$$

上式中，U_U、U_V、U_W 为各相负载的相电压，I_U、I_V、I_W 为各相负载的相电流，$\cos\varphi_U$、$\cos\varphi_V$、$\cos\varphi_W$ 为各相负载的功率因数。

在对称三相电路中，各相负载的相电压、相电流的有效值相等，功率因数也相等，因而上式可变为

$$P = 3U_P I_P \cos\varphi_P = 3P_P$$

在实际工作中，测量线电流比测量相电流要方便些（指三角形连接的负载），因此三相功率的计算式通常用线电流、线电压来表示。

当对称负载作星形连接时，有功功率为

$$P_{\mathrm{Y}} = 3U_{\mathrm{YP}} I_{\mathrm{YP}} \cos\varphi_P = 3\frac{U_L}{\sqrt{3}} I_{\mathrm{YL}} \cos\varphi_P = \sqrt{3} U_L I_{\mathrm{YL}} \cos\varphi_P$$

当对称负载作三角形连接时，有功功率为

$$P_{\triangle} = 3U_{\triangle P} I_{\triangle P} \cos\varphi_P = 3U_L \frac{I_{\triangle L}}{\sqrt{3}} \cos\varphi_P = \sqrt{3} U_L I_{\triangle L} \cos\varphi_P$$

即三相对称负载不论是连成星形还是连成三角形，其总有功功率均为

$$P = \sqrt{3} U_L I_L \cos\varphi_P$$

小提示

注意上式中 φ_P 仍是负载相电压与相电流之间的相位差，而不是线电压与线电流间的相位差。另外，负载作三角形连接时的线电压和线电流并不等于作星形连接时的线电压和线电流。

同理可得对称三相负载的无功功率和视在功率的计算式，它们分别为

$$Q = 3U_P I_P \sin\varphi_P = \sqrt{3} U_L I_L \sin\varphi_P$$

$$S = 3U_P I_P = \sqrt{3} U_L I_L$$

巩固练习

1. 三相负载的阻抗值相等，能肯定它们就是对称负载吗？为什么？

2. 指出图 6-21 中各负载的连接方式和供电方式。

3. 三相负载接到三相电源中，若各相负载的额定电压等于电源的线电压，负载应作______连接；若各相负载的额定电压等于电源线电压的 $\frac{1}{\sqrt{3}}$，负载应作______连接。

4. 判断图 6-22 中钳形电流表在不同位置分别测量的是什么电流。

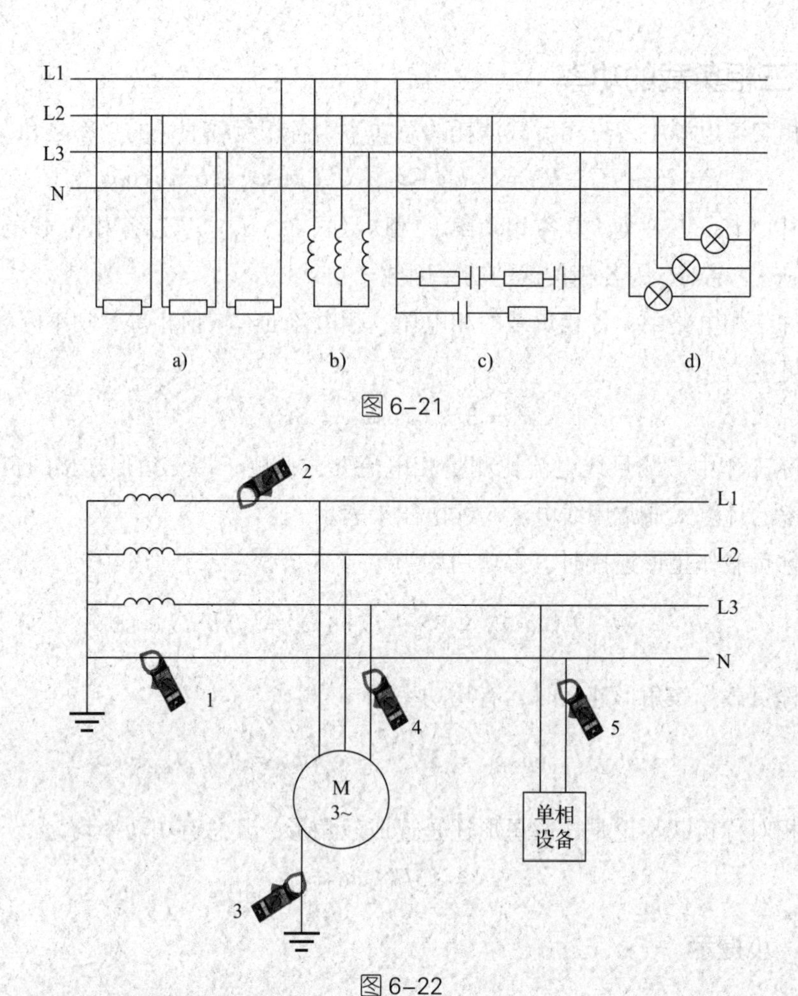

图 6-21

图 6-22

5. 图 6-23 所示电路中，线电压 U_L=380 V，3 只 220 V/40 W 的白炽灯作星形连接，若将开关 S 闭合和断开，对灯泡 HL1 和灯泡 HL2 的亮度有无影响？如果取消中性线 N，将开关 S 闭合和断开，各灯泡的亮度将如何变化？

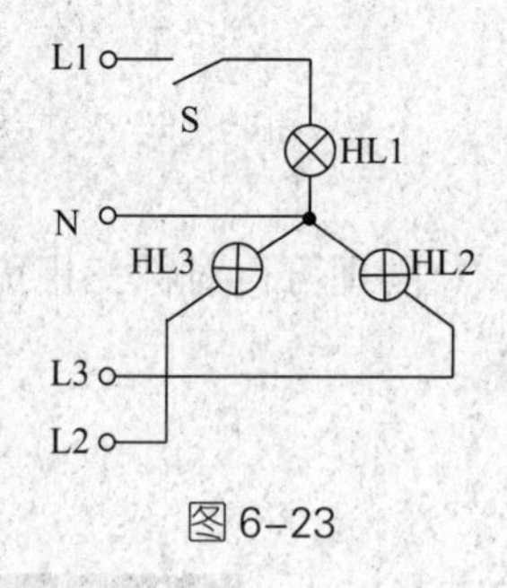

图 6-23

6.（1）在相同的线电压作用下，同一台三相异步电动机作三角形连接所取用的功率是作星形连接所取用功率的（　　）。

A. $\sqrt{3}$ 倍　　B. 1/3

C. $1/\sqrt{3}$　　D. 3 倍

（2）作三角形连接时的线电流是作星形连接时线电流的（　　）。

A. $\sqrt{3}$ 倍　　B. 1/3

C. $1/\sqrt{3}$　　D. 3 倍

7. 有 220 V/100 W 的电灯 66 盏，应如何接入线电压为 380 V 的三相四线制电路？

负载对称时的线电流多大?

8. 判断以下说法是否正确。

(1)两根相线间的电压称为相电压。( )

(2)三相负载作星形连接时，无论负载对称与否，线电流必定等于负载的相电流。( )

(3)三相负载的相电流是指电源相线上的电流。( )

(4)一台三相电动机，每个绕组的额定电压是 220 V，现三相电源的线电压是 380 V，则这台电动机的绕组应连接成三角形。( )

(5)在对称负载的三相交流电路中，中线上的电流为零。( )

9. 三相异步电动机接线盒如图 6–24 所示，三相电源线电压为 380 V。应如何连接才能使额定电压为 220 V 的电动机正常工作? 应如何连接才能使额定电压为 380 V 的电动机正常工作? 在图中画出正确的接线方式。

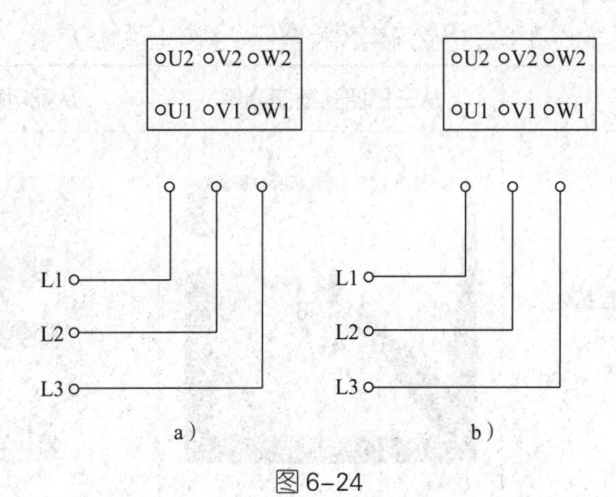

图6–24

a)额定电压为 220 V 的电动机的接线 b)额定电压为 380 V 的电动机的接线

实验与实训 9 三相交流电路的连接与测量

一、实训目的

1. 能正确完成三相负载的星形连接和三角形连接。

2. 能通过实际测量，验证三相负载作星形连接、三角形连接时，负载相电压与线电压的关系。

二、实训器材

20 V/25 W 灯泡 6 只，万用表 1 只，（0 ~ 1 A）交流电流表 4 只，三相异步电动机 1 台，开关、导线等。

三、实训步骤

1．测量三相交流电源的相电压和线电压

在日常生活中，常有人把单相三孔插座称作三相插座，这是错误的。真正的三相插座用于三相交流电路中，常用的三相四孔插座如图 6–25 所示，其上方的插孔接零线，下方的三个插孔分别接三条相线。

图 6–25　三相四孔插座

按表 6–1 中的要求，用万用表测量三相交流电源的相电压和线电压，将测量值记入表 6–2。

表 6–1　三相交流电源相电压、线电压测量方法

项目	从三相四孔插座测量	从配电箱接线柱测量
测量相电压（万用表置于交流 250 V 电压挡）		
测量线电压（万用表置于交流 500 V 电压挡）		

表 6–2　三相交流电源相电压、线电压测量记录

U_{UV}	U_{VW}	U_{WU}	U_U	U_V	U_W

2. 三相负载的连接

（1）三相负载的星形连接

1）按图 6–26 所示连接实验电路。

2）经检查无误后，合上开关 S1 和 S2，测量负载端各相电压、线电压和线电流的数值，并观察灯泡亮度是否相同。应注意，这里中线上的开关 S2 仅是为观察实验现象而安装的，在正常用电线路中不应安装。

3）断开中线开关 S2，测量第 2 步所测各量，并观察灯泡亮度，注意与有中线时相比有无变化。

4）断开开关 S1，将 U 相负载的灯泡改为一盏，其他两相仍为两盏。先合上 S2，再合上 S2，测量第 2 步所测各量，并观察各相灯泡的亮度。

5）将中线开关 S2 断开，测量第 2 步所测各量，并观察哪一相灯泡最亮。（注意：此时为不对称负载时，由于某相电压要高于灯泡的额定电压，所以动作要迅速，测量完应立即断开 S1 开关，或通过三相调压器将 380 V 线电压降为 220 V 线电压使用）。

（2）三相负载的三角形连接

1）通过调压器，将实验台三相电源调为 220 V。

2）将原实验电路改接为图 6–27 所示实验电路。

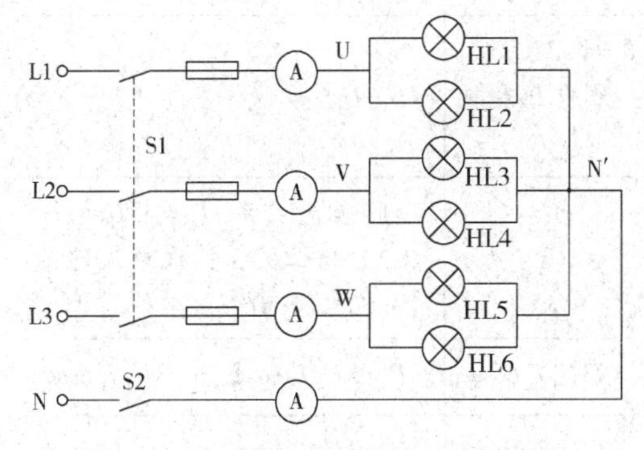

图 6–26　三相负载星形连接实验电路

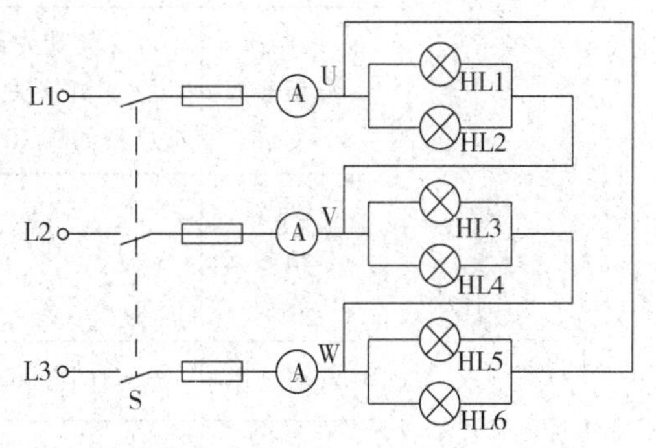

图 6–27　三相负载三角形连接实验电路

3）检查无误后，合上电源开关 S，参照前一实验测量各量（测量线电流后，改接电路，再测量相电流），并观察各相灯泡亮度是否相同。

4）断开开关 S，将 U 相负载的灯泡改为一盏，其他两相仍为两盏。测量第 3 步所测各量，并观察各相灯泡亮度。

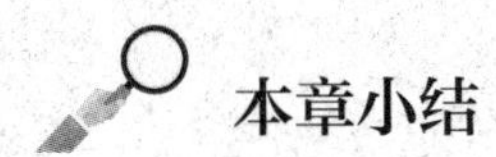

本章小结

1. 三相交流电路是目前电力系统的主要供电方式，对称三相交流电的特点是：三个交流电动势的最大值相等，频率相同，相位互差 120°。

2. 如果三相电源和三相负载都是对称的，则这个三相电路称为对称三相电路。

3. 无论是三相电源还是负载都有星形和三角形两种连接方式。

4. 星形连接的对称负载常采用三相三线制供电。星形连接的不对称负载常采用三相四线制供电；中线的作用是使负载中性点保持零电位，从而使三相负载成为三个独立的互不影响的电路。

5. 三相五线制供电设有专门的保护零线，接线方便、安全可靠，目前已广泛应用。

6. 在对称三相电路中，负载线电压与相电压、线电流与相电流的关系及功率计算见表 6–3。

表 6–3　星形连接与三角形连接

方式 关系	星形连接	三角形连接
线电压与相电压关系	（1）数量关系：$U_L=\sqrt{3}U_P$ （2）相位关系：线电压超前对应相电压 30°	$U_L=U_P$
线电流与相电流关系	$I_L=I_P$	（1）数量关系：$I_L=\sqrt{3}I_P$ （2）相位关系：线电流滞后对应相电流 30°
有功功率	$P=3U_PI_P\cos\varphi_P=\sqrt{3}U_LI_L\cos\varphi_P$	$P=3U_PI_P\cos\varphi_P=\sqrt{3}U_LI_L\cos\varphi_P$
无功功率	$Q=3U_PI_P\sin\varphi_P=\sqrt{3}U_LI_L\sin\varphi_P$	$Q=3U_PI_P\sin\varphi_P=\sqrt{3}U_LI_L\sin\varphi_P$
视在功率	$S=\sqrt{3}U_LI_L$	$S=\sqrt{3}U_LI_L$